IDENTIFICATION OF DIAMONDS

钻石辨假

资深珠宝鉴定师教您
如何辨别钻石的真伪
如何判断钻石的等级与颜色

宋中华
魏华
田晶／编著

U0337407

文化发展出版社
Cultural Development Press

图书在版编目（CIP）数据

钻石辨假 / 宋中华，魏华，田晶编著. —— 北京 :文化发展出版社，2017.5

ISBN 978-7-5142-1713-1

Ⅰ.① 钻… Ⅱ.① 宋… ② 魏… ③ 田… Ⅲ.① 钻石－辨别　Ⅳ.① TS933.21

中国版本图书馆 CIP 数据核字 (2017) 第 064695号

钻石辨假

宋中华　　魏 华　　田 晶 编著

策划编辑：肖贵平

责任编辑：赵鹏飞　　　　　　　责任校对：岳智勇

责任印制：杨　骏　　　　　　　责任设计：侯　铮

封面、扉页图片提供：佐卡伊珠宝

出版发行：文化发展出版社（北京市翠微路 2 号　邮编：100036）

网　　址：www.wenhuafazhan.com

经　　销：各地新华书店

印　　刷：北京博海升彩色印刷有限公司

开　　本：889mm×1194mm　1/16

字　　数：190千字

印　　张：14

版　　次：2017 年 7 月第 1 版　　2019 年 5 月第 2 次印刷

定　　价：88.00 元

Ｉ Ｓ Ｂ Ｎ：978-7-5142-1713-1

◆　如发现任何质量问题请与我社发行部联系。发行部电话：010-88275710

　　钻石最早产于古印度，从人类发现第一颗钻石起，这种璀璨夺目的宝石就因其完美的品相和稀少的数量而被赋予了极高的价值。人们将钻石寓意为纯洁、永恒、坚贞、爱情、权力、地位、贵族、璀璨、光芒四射，战无不胜等，融入了情感价值、艺术价值、收藏财富等价值。尽管在近一二百年来，人类发现了更多的钻石矿，但宝石级金刚石（钻石）的形成、发现、开采依然是极其小概率的事件，由此，天然钻石处于珠宝消费金字塔的顶端的地位也一直无法被撼动。走进各种各样的珠宝商店、展销会、婚介活动，您会发现钻石一直是美丽的"主角之一。尽管近几年珠宝行业在调整，但钻石的销量和价格一直稳中有升。

　　源于人们对钻石价值的笃信和对高品质的美的追求以及优质天然钻石的稀缺，人们近百年来一直致力于开发和掌握"制造"钻石的能力。实验室合成钻石技术诞生于 20 世纪中期，世界上第一颗人造钻石诞生于 20 世纪 50 年代，1971年，通用电气培育出了第一批达到珠宝级别的高品质合成钻石。近十年来，得益于技术的迅猛发展，合成钻石已走出研究探索阶段，现如今，科学家正在制造出越来越多、越来越纯净的合成钻石。合成钻石已经开始逐渐进入宝石市场，并被掺杂在天然钻石中出售。

另外，钻石仿制品的研发和推广也如火如荼，市场上主要仿制品有合成莫桑石（SiC）、人造立方氧化锆（CZ）、合成尖晶石以及合成蓝宝石等。与合成钻石、钻石仿制品的发展同步，人们将颜色及净度较差的天然钻石通过一些物理化学的优化处理方法手段，使之变成颜色美丽、净度有提高的钻石商品。钻石的优化处理包括颜色优化处理和净度优化处理及表面镀膜处理等。

钻石"真假"鉴定和钻石的品质分级评价一直是各珠宝检测机构、鉴定实验室所从事的主要业务之一。

本书的编著者从事钻石鉴定及宝石学研究多年，具有丰富的第一线钻石鉴定知识和经验。本书力主以自身的实战经验和最新研究成果为基础，将复杂难懂的用于鉴定的科学解析和指标以及分级标准依据等以通俗的语言和清晰的图片进行阐述，由浅入深、图文并茂、资料丰富、条理清晰易学，适合于宝石爱好者、商贸人士、收藏者的引导性阅读，以获茅塞顿开或精益求精之裨益。

宋中华负责第一至五章的编著，魏华负责第六章的编写，田晶负责全书的校核。

陆太进博士

目 录
CONTENTS

目　录

Chapter 3 钻石的颜色

CONTENTS

Chapter 4 钻石的优化处理

目　录

CONTENTS

图片由佐卡伊珠宝提供

Chapter 1

绪　论

钻石是唯一一种集最高硬度、高折射率、高色散于一体的珍贵宝石品种。通过工匠一个多世纪以来的不断琢磨与探索，如今的钻石切工已达到可体现钻石耀眼光芒的最佳状态。

钻石的历史文化

钻石，被称为"宝石之王"，是世界上最昂贵的宝石品种。作为一种宝石，钻石具有特殊的魅力，是唯一一种集最高硬度、高折射率和高色散于一体的珍贵宝石品种，是其他任何宝石都无法与之相媲美的。最名贵、最具浪漫色彩的钻石，古罗马人认为它是灿烂美丽的流星雨的碎片，古希腊人奉它为上帝滴下的晶莹泪珠。中世纪的欧洲，钻石更是王公贵族钟爱追捧的对象，尤其是欧洲各王室的专宠。世界上著名的大钻石最初无一不是被王室所拥有。19世纪，在南非发现了大量钻石原生矿，钻石开始逐渐走入寻常百姓家，但大钻石、名钻仍然是达官贵人、珠宝收藏家最宠爱的宝石。

世界上首枚钻石大约是产于3000年前的古印度，发现于印度的一条叫克里希纳的河谷内。直到18世纪前，印度一直是世界上唯一的钻石供应地。钻石因为它的稀有珍贵一直被看作财富与地位的象征，因为它的坚硬被视为表达爱人之间绵绵深情的最好信物。13世纪的欧洲，钻石曾是皇室贵族的专利品，佩戴钻石是皇后、公主们的特权。

直到 15 世纪，法国巴根地公爵查尔斯酷爱收藏钻石，在女儿玛丽公主即将与奥地利大公马克西米连一世订婚前，要求自己的女儿在订婚那天必须戴上镶有钻石的戒指，于是世界上第一枚钻戒诞生，从此，钻石便成为美丽及永恒爱情的象征，也因此俘获了无数女人的芳心。

16 世纪和 17 世纪，法国国王弗兰西斯一世佩戴的项链镶有 11 颗大钻石。路易十四执政期间，钻石在法国的流行达到顶锋。他的皇宫内摆满珠宝玉石，相传他曾以国家名义购买了 109 颗重达 10ct 以上以及 273 颗重量为 4 ~ 10ct 的钻石。最著名的要数从宝石巨商手中购回的 44 颗大钻石，其中包括一颗 112ct 的法国蓝钻，就是有名的 Hope 钻石，然而 Hope 钻石给其拥有者无一例外的都带来了巨大的灾难，因此也被称

▌被称为"厄运之钻"的蓝钻

▊镶于"帝国皇冠"上的库里南Ⅱ号钻石，重达317ct，是世界第二大钻石。

为"厄运之钻"，现在 Hope 钻石藏于美国华盛顿史密斯研究院。

俄国沙皇也将钻石视为权力和财富的象征，彼得大帝 1724 年为皇后加冕时，皇后冠上镶有 2500 颗钻石。

英国王室与钻石也有难解之缘。亨利八世是钻石收藏家，1558 年至 1603 年，用钻石八面体原石晶体镶成的戒指时髦一时，顿成风尚。同时又掀起用钻石在玻璃窗上刻情书的热潮，钻戒一度被称为刻字戒指，甚至伊丽莎白一世本人也在一块玻璃上与沃尔特爵士咏诗谈心，倾诉衷肠。1838 年维多利亚女王登基，当时王室拥有 2500 颗钻石供她使用。

而直到 19 世纪末期，美国才时兴钻石首饰，并将它作为爱的永恒的象征。无论是富商、巨贾、明星还是老百姓都对钻石感情深厚，当世界名钻在纽约展出时，成千上万的观众在雨中排队，等候参观。

戴比尔斯公司对钻石的宣传"钻石恒久远，一颗永流传"，已深入人心，时至今日，人们将钻戒作为爱的献礼已蔚然成风。人们还将结婚 60 周年或 75 周年称为钻石婚，钻石还是四月的生辰石。

钻石的基础知识

钻石的形成

　　钻石的矿物学名叫金刚石。钻石是宝石中唯一由单元素碳（C）生成的晶体矿物，又是自然界天然物质中硬度最高的物质，这与它的形成条件有关。

　　一般认为钻石生成于地表下 120 ～ 200 公里，据测算是在 1100 ～ 1650℃ 的高温条件下及在四万至六万大气压的高压下逐渐形成的。其形成年代通常为 24 亿年至 33 亿年前，可见大自然从孕育钻石到最后呈现给人类经历了何等漫长的岁月。

　　藏于如此大的地下深处达亿万年之久的钻石晶体要重见天日，得借助于火山喷发，熔岩流将含有钻石的岩浆带至地球近地表处，并附存在金伯利岩和钾镁煌斑岩中，形成钻石原生矿；或长途迁徙沉淀于河流沙土之中，形成冲积矿。全球所有的钻石均先发现于次生矿（砂矿），第一个钻石原生矿于 1870 年发现于南非的金伯利村。

钻石的主要产地

目前世界上共有 27 个国家发现钻石矿床，大部分位于非洲、俄罗斯、澳大利亚和加拿大。

南部非洲是世界主要钻石产区［南非、纳米比亚、博茨瓦纳、刚果（金）、安哥拉等］，非洲国家拥有的钻石储量为全世界钻石总储量的 56%，宝石级平均为 31%。

▌拿破仑钻石项链，是拿破仑送给他第二任妻子的礼物，由234颗钻石组成，共计263ct，现藏于美国华盛顿自然历史博物馆。

▌辛柏琳娜黄色钻石项链

　　世界上最大的钻石砂矿在西南非纳米比亚，而且 95% 以上为宝石级。而世界上首次发现的原生钻石矿床在南非（Premier），出产了许多世界著名的大钻石，如库利南（3106ct）、高贵无比（999.2ct）、琼格尔（726ct）。

　　1979 年在澳大利亚钾镁煌斑岩中首次发现钻石，其中含有一定数量的色泽鲜艳的玫瑰色、粉红色、少量蓝色钻石，属稀世珍宝。澳大利亚是目前钻石产量最多的国家，其储量占全球的 26%，其中达到宝石级的约 5%。

　　俄罗斯是世界上金刚石的主要产出地之一，主要分布于西伯利亚雅库特地区的金伯利岩中，虽然粒度小，但优质透明者多。

　　1990 年，在加拿大西北靠近北极圈的湖泊地带所发现的金伯利岩型原生矿，是世界钻石史上又一大突破，也对 De Beer 的垄断经营构成了威胁。

印度是世界上最早发现钻石的地方，且出产了古老而有名的大钻"莫卧儿大帝""摄政王""荷兰女皇"等，但目前产量很低。

中国 1950 年首次在湖南沅江流域发现具有经济价值的钻石砂矿，品质好，宝石级占 40% 左右，但品位低，分布零散。20 世纪 60 年代在山东蒙阴找到的原生钻石矿品位高、储量大，但质量差，宝石级占 12% 左右，且色泽偏黄，多用于工业上。20 世纪 70 年代初在辽宁瓦房店发现了钻石原生矿床，储量大、质量好，宝石级占 50% 以上，成为中国也是亚洲最大的原生钻石矿山。

▌周大福于2010年投得507.55ct Ⅱ a级的"库里南遗产"钻石毛坯。从"库里南遗产"毛坯切割出来D色、内部完美无瑕、圆形明亮式、3-Excellent完美车工的104ct美钻，是目前世界上大且罕有的钻石之一。从"库里南遗产"毛坯还切割出来24颗全属DIF级别的钻石，国际珠宝艺术家Wallace Chan使用这些钻石创作了《裕世钻芳华》。

▌《裕世钻芳华》是由享誉国际的珠宝艺术家Wallace Chan创作的具有27种戴法象征永恒的作品。

Chapter 2

钻石的鉴定

钻石作为宝石之王，深受人们追捧，不仅是因为钻石拥有最高的硬度、完美的色散值和折射率等能体现钻石之魅力的性质，更重要的是钻石还拥有很多其他宝石所无可比拟的特有性质，如良的热导体、良的绝缘体和特殊的化学性质等，因此钻石除作为首饰外，还可以用作光学器件，应用到医学、生物学以及量子学等领域，是未来材料应用领域的新贵。

钻石的基本特征

  钻石的矿物名称是金刚石（Diamond）。主要成分是碳（C），微量元素有 N、B、H、Si、Ni、Ca、Mg、Mn、Ti、Cr、S、惰性气体及稀土稀有元素，达 50 多种，其中 N、B、H、Si、Ni 等可以进入钻石晶格，对钻石的类型、颜色及物理性质产生影响，而其他微量元素多为钻石中所含晶体包裹体或流体包裹体中的化学元素成分。

  石墨是钻石的同质多相变体，其晶体结构与钻石不同，导致二者在晶体形态、物理化学性质等方面有很大的差异。钻石是硬度最高的矿物，而石墨是硬度最低的矿物。

  钻石常是单晶，常见单形有八面体、菱形十二面体和立方体，有时也呈聚形。有些黑色金刚石为多晶集合体。

  钻石晶体通常为歪晶，由于溶蚀作用使晶面棱弯曲，晶面常留下蚀象，且不同单形晶面上的蚀象不同，八面体晶面上可见倒三角形凹坑，立方体晶面上可见四边形凹坑，四边形凹坑与立方体面呈 45°交角，十二面体晶面上可见线理和显微圆盘状花纹。

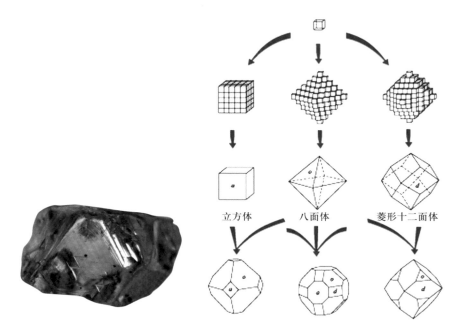

立方体　八面体　菱形十二面体

钻石八面体晶面上的倒三角形凹坑　钻石的理想晶形及其聚形

钻石的实际晶形

钻石具有特殊的金刚光泽，金刚光泽是天然无色透明矿物中最强的光泽。值得注意的是，观察钻石光泽时要选择强度适中的光源，钻石表面要尽可能平滑，当钻石表面有溶蚀及风化特征时，钻石光泽将受到影响而显得暗淡。

纯净的钻石应该是透明的，但由于矿物包裹体、裂隙的存在，钻石可呈现半透明，甚至不透明，如黑色钻石。当钻石具有强荧光时，钻石的透明度也会因之而受到一定的影响。

钻石的折射率为 2.417，是天然无色透明矿物中折射率最大的矿物，所以抛光良好的钻石具有很强的光泽和亮度。

钻石的色散值为 0.044，亦是所有天然无色透明的宝石中色散值最大的矿物。强的"火彩"为钻石增添了无穷的魅力，同时也是肉眼鉴定钻石的重要依据之一。

钻石属均质体矿物，无多色性。

钻石具有平行 {111} 方向的四组完全解理，所以抛光钻石在腰部常见"V"字形缺（破）口，该性质是鉴别钻石与其仿制品的重要特征之一。加工时劈开钻石正是利用这一特性。

钻石是自然界最硬的矿物，摩氏硬度为 10 级。实际上在摩氏硬度

▎钻石的色散

▎解理

表中，9 级与 10 级的级差是最大的，10 级的钻石硬度是 9 级刚玉硬度的 150 倍，是 7 级石英硬度的 1000 倍。钻石的硬度具有各向异性的特征，不同方向硬度不同：八面体方向＞菱形十二面体方向＞立方体方向的硬度。此外，无色透明钻石硬度比彩色钻石硬度略高。切磨钻石时是利用钻石较硬的方向去磨另一颗钻石较软的方向，只有用钻石才能磨动钻石。虽然钻石是世界上最硬的物质，但其解理发育、性脆，所以在成品钻石的鉴别中，禁止进行硬度测试，以免造成不可挽回的损失。

钻石的密度为 $3.52g/cm^3$，由于钻石成分单一，并且很纯，所以钻石的密度很稳定，变化不大，只有部分含杂质和包裹体较多的钻石，其密度才有微小的变化。钻石的这一特征在鉴定工作中也是非常重要的。

钻石具有极好的导热性，钻石的热导率为 0.35 卡 / 厘·秒·度，导热性能超过金属，是导热性最高的物质。其中 IIa 型钻石的导热性最好。这一性质在微电子领域具有广阔的应用前景。

钻石的热膨胀系数极低，温度的突然变化对钻石影响不大。但是钻石中若含有热膨胀性大于钻石的其他矿物包裹体或存在裂隙时不宜加热，否则会使钻石破裂。KM 钻石的处理就是利用了这一特性。

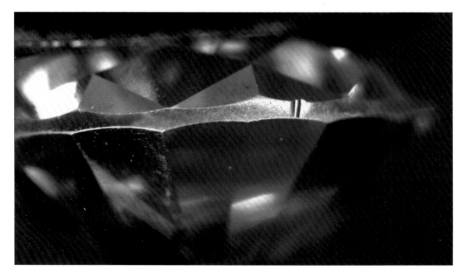

▍ "V" 形缺口

可燃性是指物质在空气中能够燃烧的性质。钻石在绝氧条件下加热到1800℃以上时，将缓慢转变为石墨。在氧气中加热到650℃将开始缓慢燃烧并转变为二氧化碳气体。钻石的激光切割和打孔净度处理技术就是利用了钻石的低热膨胀性和可燃性。因此对钻石首饰进行维修时，应避免灼伤钻石。

纯净钻石的价带和导带之间的带宽约为5.48ev，而绝缘体的禁带宽度大于4.5ev，因此大多数钻石是良好的绝缘体。钻石越纯净，其绝缘性越好，Ⅱa型钻石的绝缘性最好。Ⅱb型钻石含有杂质硼，硼的存在产生了自由电子，使这一类型的钻石可以导电，是优质的高温半导体材料。钻石半导体的电阻值随温度变化特别灵敏，甚至连很微小的变化（±0.0024℃）都能在瞬间被记录下来，这一特点为把钻石应用于真空仪器和进行精密测温的仪器，开辟了广阔的前景。合成钻石中如果含有大量的金属包裹体也可以导电。

钻石对油脂有明显的亲和力，这个性质在选矿中被用于回收钻石，在涂满油脂的传送带上将钻石从矿石中分选出来。

钻石的斥水性是指钻石不能被湿润，水在钻石表面呈水珠状形不成水膜。该性质可用来鉴别钻石与其仿制品，但使用该方法前应仔细清洗钻石。

钻石的化学性质非常稳定，在酸和碱中均不溶解，王水对它也不起作用，所以经常用硫酸来清洗钻石。但热的氧化剂却可以腐蚀钻石，会在其表面形成蚀象。

▎周大福蓝色钻石戒指，两边配有两粒粉紫色钻石。

钻石的类型

长方形鲜彩橙黄色钻石戒指

枕形浓彩绿色钻石戒指

钻石中最常见的微量元素是氮（N）元素，氮原子以类质同象形式替代碳原子（C）进入钻石晶格，氮原子的含量和存在形式对钻石的性质有重要影响，同时也是钻石类型划分的依据。钻石类型的划分主要是依据红外吸收光谱中氮的含量以及氮原子在钻石晶格中的存在方式。红外光谱中 $1500 \sim 1000 \mathrm{cm}^{-1}$ 有氮的吸收峰，称之为 I 型；没有检测到氮的吸收峰，称之为 II 型。因此，II 型钻石并不是真正不含氮，而是和红外光谱仪的测试能力有关，之前被划分为 II 型的钻石，现在可能为 I 型。

氮原子在钻石中的存在形式

氮原子在钻石中的存在形式主要有以下几种。

A 型氮：两个氮原子取代钻石中相邻的两个碳原子，聚合在一起形成的缺陷。A 型氮在红外区产生 $1282cm^{-1}$ 左右的吸收，在可见光区（400 ～ 800nm）不产生任何吸收，因此仅含 A 型氮的钻石为无色。

B 型氮：钻石中的氮原子以四个氮和一个空穴的形式存在。B 型氮在红外区产生 $1175cm^{-1}$ 左右的吸收，而在可见光区（400 ～ 800nm）不产生任何吸收，因此仅含 B 型氮的钻石为无色。

C 型氮：氮原子以分散状态存在于钻石晶格中，即一个单独的氮原子取代钻石晶格中一个单独的碳原子。红外区产生 $1130cm^{-1}$ 宽吸收带以及 $1344cm^{-1}$ 吸收峰。

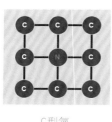

C型氮

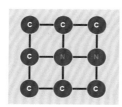

A型氮

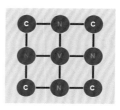

B型氮

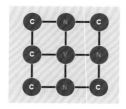

N3色心

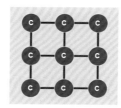

Ⅱa型纯净钻石（不含任何杂质元素）

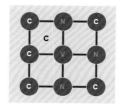

黑体C原子即为碳填隙子

▎钻石晶体中氮缺陷的存在形式，其中C为碳原子，N为氮原子，V为空位。

氮原子在钻石形成过程中的转化

氮原子最初以孤氮原子的形式取代碳原子（上页图中 C 型氮），在地质年代及深入地下长时间的温压条件下，氮原子慢慢聚合形成双原子氮，即 A 型氮（见上页图），继续随着时间的推移，A 型氮继续聚合形成 B 型氮，在 A 型氮向 B 型氮转化的过程中，N3 色心形成，同时有片晶形成。

$$N + N \rightleftharpoons A$$

在天然钻石形成的环境中，由于经历了相当长的地质时间，因此上述反应几乎是不可逆的，因此天然钻石多为 Ia 型钻石，而在实验室，由于合成时间短，即使温度适合于氮聚合，但是由于可逆反应同时在进行，因此实验室合成钻石多为 Ib 型，而不可能形成全为聚合氮的钻石。

$N + A = N3 + C_i$（C_i 是指碳填隙子，i 是填隙子的第一个字母，是指碳原子不在正常的晶格位置，见上页图所示。）

$N + N3 = B$ 或是

$N + N + A = B + C_i$

在上述的转化过程中，也就是在形成 B 型氮和 N3 的过程中，有大量的碳填隙子形成，因此，理论上 Platelet（片晶）是由碳填隙子组成。下图是 N 转化的过程图，氮的聚合程度随着时间的推移在增加。

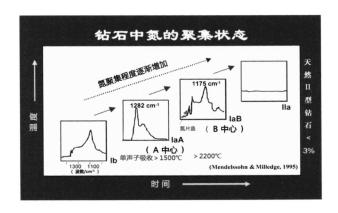

▌钻石中氮存在形式演变过程

高温高压合成钻石由于合成时间较短，因此钻石中的氮多属于 C 型氮，如果增加合成的时间，或是合成后再进行长时间的高温高压处理，一样可以形成聚合氮 A，甚至是 B 型氮，还可以形成 N3 色心。

钻石的主要类型

◆ I 型钻石

I 型钻石含氮，根据 N 在晶格中的存在方式，I 型钻石又可分为 Ia 型和 Ib 型。

（1）Ib 型

仅含孤氮原子（C 型氮），即在红外吸收光谱中可见 $1344cm^{-1}$ 和 $1130cm^{-1}$ 吸收的钻石为 Ib 型钻石。在一定的温度、压力及地质时间的作用下，氮原子相互聚集形成聚合氮，Ib 型钻石可转换为 Ia 型，因此，天然钻石以 Ia 型为主。纯 Ib 型天然钻石较少，一般都会含有 A 型氮，称之为 Ib-IaA 型，而合成钻石主要为 Ib 型。Ib 型钻石多为黄色、褐黄色。

（2）Ia 型

红外吸收光谱仅可检测到聚合氮的钻石称之为 Ia 型钻石，仅含 A 型氮，即红外吸收光谱在 $1000 \sim 1400cm^{-1}$ 区域仅可见 $1282cm^{-1}$ 吸收的称之为 IaA 型；仅含 B 型氮，红外吸收光谱在 $1000 \sim 1400cm^{-1}$ 区域仅可见 $1175cm^{-1}$ 吸收的称之为 IaB 型，而天然 Ia 型钻石多数是既含有 A 型氮又含有 B 型氮，因此称之为 IaAB 型。自然界中 98% 的钻石属于 Ia 型。

◆ II 型钻石

II 型钻石又分为 IIa 型和 IIb 型。

IIa 型为不含氮或含极少的氮，完美钻石为完全不含氮且无任何缺陷的钻石，因为完美钻石在可见光区不产生任何吸收，因此呈无色，实际上有名的大的无色钻石晶体多为 IIa 型，如著名的"库里南"钻石和"塞拉利昂之星"钻石。另有许多Ⅱa型钻石呈粉色、紫色或褐色，主要是由于晶体塑性变形所造成。Ⅱa型具有极高的导热性，也是良好的电绝缘体。

　　Ⅱb型为含少量硼原子的钻石。硼原子以孤立的原子状态取代晶格中的碳原子。Ⅱb型钻石在红外区产生$2800cm^{-1}$、$2455cm^{-1}$的特征吸收，此外还可见$1290cm^{-1}$、$2930cm^{-1}$以及$4090cm^{-1}$吸收。Ⅱb型钻石为半导体，是天然钻石中唯一能导电的类型。据此性质，可以区别天然Ⅱb型蓝色钻石和电子辐照而致色的蓝色钻石。大部分Ⅱb型钻石呈蓝色，少数为灰色，Hope钻石是最著名的Ⅱb型钻石。（见表1）

表1　钻石的类型及相应的特征

钻石类型		微量元素及其赋存形式		氮元素含量（ppm）	相应的特征红外吸收	相应的颜色	自然界中的含量
I	Ⅰa	ⅠaA	聚合氮（N—N）	10～3000	$1282cm^{-1}$吸收峰	无色、黄色、褐色、黄绿色、粉紫色、橙色等	98%
		ⅠaB	聚合氮（N—N—V—N—N）		$1175cm^{-1}$吸收峰		
	Ⅰb	含单氮		25～50	$1130cm^{-1}$吸收宽带及$1344cm^{-1}$吸收峰	黄色、橙色、褐色	0.1%
II	Ⅱa	不含氮或含极少量氮		<10	$1000～1500cm^{-1}$之间无特征吸收	无色、褐色、粉色、极少黄色或橙色	2%
	Ⅱb	含硼		<0.1	$1000～1500cm^{-1}$之间无吸收，具有硼的吸收$2800cm^{-1}$及$2455cm^{-1}$	蓝色、灰色	极少

◈ 钻石类型在钻石鉴定中的作用

◆ 钻石类型与颜色的关系

　　钻石类型与钻石的颜色之间有很重要的联系，是我们理解天然钻石与处理钻石的基础，如Ⅰb型钻石通常是黄色、褐色或橙色，Ⅰb型粉色或粉紫

色钻石非常罕见，因此，Ib 型粉色或粉紫色钻石多经过辐照和加热淬火处理。天然 Ia 型无色、褐色以及粉色或紫色钻石通常都不会是处理的，而天然 IIa 型无色和粉色钻石则需要考虑是否经过高温高压处理。对于 Ia 型黄色、橙色、黄绿色、蓝色或绿色钻石，同样需要考虑其是否经过处理。

类型	天然钻石	处理天然钻石	合成和处理合成钻石
Ia			
Ib			
IIa			
IIb			

▌钻石类型与颜色的关系（上表引自Gems & Gemology）

◆ 与 DiamondView 结合区分天然钻石与合成钻石

高温高压合成黄色钻石通常是 Ib 型，而高温高压合成无色钻石通常是 IIa 型，且含有少量硼，高温高压合成蓝色钻石通常是 IIb 型，高温高压合成钻石不可能是 Ia 型，但是如果经过高温高压处理以后，孤氮会聚合为 A 型氮，甚至是 B 型氮，这时钻石的类型就变为 Ia 型，但仍然会有孤氮存在。

CVD 合成钻石通常是 IIa 型，当合成气体中加入硼时，合成的钻石类型则为 IIb 型。

◆ 区分部分天然钻石与处理钻石

钻石的处理是通过对钻石中晶格缺陷的重组，来永久性地改变钻石的颜色，而钻石的类型对处理后将会产生什么样的缺陷起决定性作用，当然辐照处理除外，因为辐照处理会使任何类型的钻石都变为蓝色或绿色。但是如果辐照后再进行加热淬火处理，那么不同的类型将得到不同的颜色。例如，Ib 型钻石辐照加热处理后会产生紫色或紫红色，Ia 型钻石会变为黄色、橙黄色或黄绿色等。由于Ⅱ型钻石中所含缺陷较少，因此一般不会对Ⅱ型钻石进行辐照和加热淬火处理。而高温高压处理会通过聚合Ib型钻石的孤氮，使黄色钻石颜色变浅，还可以使Ⅱa型或IaB型褐色钻石变为无色或粉色，将Ⅱb型灰色钻石变为蓝色，当然除IaB型钻石外，高温高压处理不可能将Ia型褐色钻石变为无色钻石。

确定钻石类型所用仪器

◆ 红外光谱仪

红外光谱仪不但可以用作鉴定真假钻石的最主要的工具，还是钻石类型划分的主要依据，因此红外光谱仪的测试精度是钻石类型，尤其是Ⅱ型钻石的决定性因素，随着仪器精度的提高，原来被认定为Ⅱa型的钻石，现在可能是Ia型。

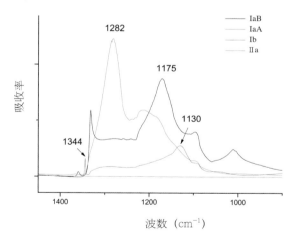

不同类型钻石在900～1500cm⁻¹范围的吸收特征

◆ 紫外荧光灯

根据钻石在短波紫外荧光灯下的特征初步将钻石的类型分为Ⅰ型和Ⅱ

型，由于纯净的 IIa 型钻石在大于 225nm 短波紫外区无吸收，因此可根据短波紫外线是否完全透过钻石来简单将钻石分为 I 型和 II 型。

◆ **紫外可见分光光度计或紫外可见光纤光谱仪**

紫外可见吸收光谱主要用于研究钻石呈色机理，根据其吸收特征也可将钻石简单分类，同时根据紫外可见吸收光谱特征可以推断钻石在红外光谱中可能出现的特征。

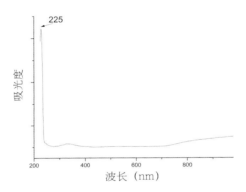

▌IIa型钻石的紫外可见吸收光谱图，在可见光区无任何吸收，仅可见225nm吸收。

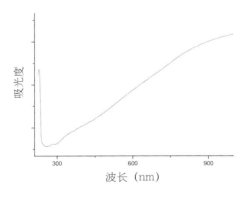

▌IIb型钻石除可见225nm吸收外，主要特征是从紫外到红外吸收逐渐增强，这也是钻石呈蓝色的主要原因。

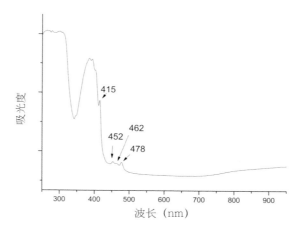

▌Ia型Cape系列钻石的紫外可见吸收光谱图，可见明显的415nm吸收，415nm吸收是大部分Ia型钻石的主要特征。

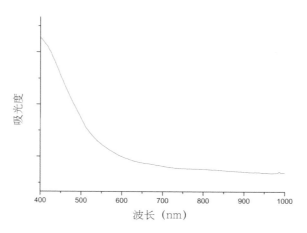

▌Ib型钻石的可见光吸收光谱图，可见从550nm至400nm吸收逐渐增强，这是Ib型钻石以及含有孤氮致色的钻石的主要吸收特征。

◆ DiamondView 钻石荧光观察仪

根据钻石在 DiamondView 下的特征初步判断钻石的类型，如 Ia 型天然钻石通常具有典型的四边形环带结构；Ib 型天然钻石通常为绿色和橙色相间的荧光色，且常见两组相交的滑移线；Ⅱ型天然钻石通常为透明的蓝色，且可见明显的由于塑性变形导致的位错特征。荧光的颜色通常与钻石中所含的晶体缺陷有关，N3色心为蓝色荧光，H3色心为绿色荧光，NV色心为橙色或橙红色荧光等。

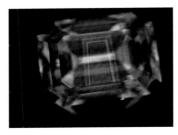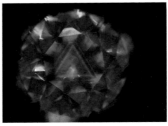

▌Ia型天然钻石在DiamondView下的四边形环带，切磨方向与｛100｝方向几乎平行，当切磨方向与｛111｝方向平行时，可见三角形环带。

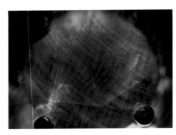

▌为典型的Ib型天然钻石（或是含孤氮天然钻石）的荧光图像，表面可见两个方向的滑移线，特征是细且密。

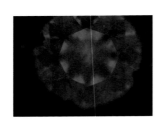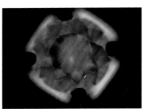

▌为Ⅱa型天然钻石在DiamondView下典型的网格状的位错特征，荧光颜色多数为透明的蓝色，偶见其他颜色，如橙红色以及蓝紫色。

此外，钻石内部特征也可以为钻石类型提供某些证据，如 II 型钻石常有榻榻米状内部纹理，Ib 型钻石常含有分散状的由短针状包裹体组成的似云状物包裹体。

▌ II 型天然钻石的榻榻米状内部纹理　　　▌ Ib型天然钻石内部的特征包裹体

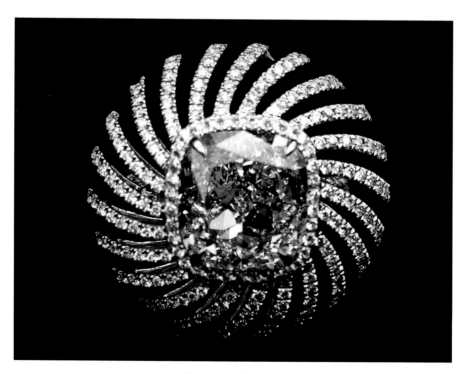

▌ 天然绿色钻石戒指

钻石中的包裹体

宝石包裹体是指在宝石内部与主体宝石在成分、结构、晶轴方向或物性上存在差异的内含物及生长现象，以及与内部结构有关的表面特征。

依据不同的分类方法，宝石包裹体可分为多种。对于绝大多数宝石而言，其包裹体的含量越少，则宝石越纯净，宝石的价值也越高。因此，对于很多宝石而言，宝石中的包裹体会影响其美观及品质，进而会影响其价值。

然而，包裹体对于宝石的影响却不都是负面的，有些甚至是非常正面积极的，如具有猫眼效应或星光效应的宝石其内部含有定向排列的包裹体。还有一些宝石内丰富和种类繁多的包裹体可以形成美丽的、寓意深长的趣味性的或者特殊的图案，这些宝石的价值甚至比相应的纯净宝石更加珍贵。更为重要的是，研究宝石中的包裹体有助于探讨宝石的形成条件，物质来源，有助于鉴定宝石，确定宝石的形成或合成方式，确定宝石的优化处理，推断天然宝石的产地，推断合成方法，等等。

　　钻石中包裹体不但是钻石分级的主要依据，同时也是钻石的身份印记。钻石的主要包裹体是地球深部地幔矿物，除金刚石本身以外，还有石墨、石榴石、辉石、橄榄石、蓝晶石、刚玉、锆石等。另外，在显微观察中常可看到钻石的生长纹、解理、色带等特征。

　　不同的钻石含有不同的包裹体，这也为钻石赋予另一层特殊的意义——爱的唯一，唯一的爱。由于钻石中包裹体的唯一性，每个人所拥有的钻石是世界上独一无二的。钻石中的包裹体赋予了"钻石恒久远，一颗永流传"更为深远的意义。

钻石中所含有的各种独一无二的包裹体

　　◆　由羽状纹和晶体包裹体组成的各种形状各异的图案

| ▋飞向光明的天使 | ▋钻石小鸟 | ▋天使蛋 |

| ▋忙碌的小蜜蜂 | ▋飞翔的风筝 |

◆ 钻石中具有特殊形状的云状物

▌四边形环带状的云状物包裹体

◆ 钻石中石墨化包裹体

▌石墨化包裹体，包裹体周围可见微裂隙。

◆ 各种形状及颜色的晶体包裹体

▌八面体黑色晶体包裹体

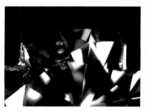

▌无色晶体包裹体　　▌绿色晶体包裹体

▌蓝绿色晶体包裹体

▌淡蓝色晶体包裹体

▌粉紫色晶体包裹体

◆ 钻石中极其少见的指纹状的包裹体，对钻石的形成条件研究有很重要的意义

▌罕见的指纹状包裹体

钻石的鉴定方法

 肉眼鉴定

　　肉眼鉴定主要集中于对钻石的光泽和"火彩"观察，由于钻石一般都比较小，因此多数情况下需要借助仪器来鉴别，至少应该在放大镜下观察。

　　◆ **观察光泽**

　　光泽，是指宝石表面对光反射的能力，影响光泽强弱的因素主要是反射率，而反射率与折射率呈正比，因此折射率越高，光泽越强。钻石具有特殊的金刚光泽，是区别其他无色透明矿物的重要特征，尽管目前一些人工材料在某些物化性质上很接近钻石，亦可具有较强的金刚光泽，但仍可利用光泽特点将钻石与部分仿制品区别开来。

钻石具有高硬度，金刚光泽和钻石的高硬度结合使钻石表面具有有别于其他宝石的特殊外观。

◆ 观察"火彩"

由于钻石的高折射率值和高色散值使得钻石具有一种特殊的"火彩"，特别是切割完美的钻石更具此特征。有经验的人，即可通过识别这种特殊的"火彩"来区分钻石和仿制品，需要说明的是，一些仿制品，如合成立方氧化锆、人造钛酸锶等，由于它们色散值比较大，因此可出现类似于钻石的"火彩"，但所表现出的"火彩"太强，因此需要多比较，方能借助"火彩"来区分钻石与钻石仿制品。此外，如果钻石的切工差，会影响钻石的"火彩"体现。

◆ 观察钻石的外观形态和表面特征

在钻石毛坯中，钻石最常见的晶体形态是八面体、菱形十二面体及二者的聚形，在无色透明矿物中具有这几种晶形的矿物为数较少。除了观察毛坯的晶体形态外，另一个特征是钻石的晶面花纹，钻石的不同晶面常常具有特征的生长纹（晶面花纹），如八面体晶面常见倒三角形生长纹，三角形的尖端指向八面体的晶棱；立方体晶面常具正方形或长方形生长纹，与立方体平面呈45°的夹角；菱形十二面体晶面则常见平行于长对角线方向的凹槽等，这些均可作为钻石的识别特征。

▌八面体晶面上具有倒三角形花纹　　▌钻石立方体晶面上的内凹四边形花纹

◆ 估计钻石的密度

在所有与钻石的外观相似的天然矿物或人工材料中，除托帕石外，其他品种密度值均与钻石有一定的差别，用手掂量，感觉不同。在样品大小几乎相同的前提下，理论上钻石有"打手"的感觉，但是由于钻石一般较小（小于 1ct，1ct=0.2g），因此实际上用掂重法很难准确区分钻石及其仿制品。在较大颗粒的情况下，这种方法非常适合于区分相同大小的钻石和合成立方氧化锆，钻石的密度值为 3.52g/cm³，而合成立方氧化锆的密度为 5.95g/cm³ 左右，几乎是钻石的一倍，手掂的感觉明显不同，很易区分。

◆ 线条试验

利用钻石切磨通常遵从全内反射的原理，因此将钻石台面向下放在一张有线条的纸上，通常看不到纸上的线条，而仿制品的切磨通常没有那么完美，因此可以清晰地看见纸上的线条。全内反射是指让所有射入钻石内部的光线，通过折射与内反射，最后几乎全部由冠部射出，而能够通过亭部刻面的光则非常有限，因此就看不到纸上的线条。但是应该注意的是，其他宝石通过特殊的设计加工，也都有可能达到同样的效果。而切工差的钻石不能完全遵从全内反射的原理，因此也可看到纸上的线条。实际上该方法并不适用于区分钻石与其仿制品。

▌钻石全内反射原理

◆ 亲油疏水性

天然钻石有较强的亲油疏水性，当用油性水笔在表面划过时可留下清晰而连续的线条，相反，当划过钻石仿制品表面时墨水常常会聚成一个个小液滴，不会出现连续的线条。

充分清洗样品，将小水滴点在样品上，如果水滴能在样品的表面保持很长时间，则说明该样品为钻石，如果水滴很快散开，则说明样品为钻石的仿制品。

实际上，由于钻石多比较小，因此上述辨别方法只能作为辅助手段，要想知道所拥有的是否为钻石，还是需要用专业仪器来检测。

仪器鉴定

◆ 放大镜或显微镜

放大镜或显微镜主要是用于观察钻石的内外部特征。

10 倍放大镜是鉴定钻石的一个很重要的工具，鉴定人员完全可以凭借 10 倍放大镜来完成钻石的鉴定和 4C 的分级。

显微镜与 10 倍放大镜作用基本相同，所不同的是显微镜的视域、视景深和照明条件均优于放大镜。显微镜通常只在实验室中使用，对高净度级别的钻石，使用显微镜观察是十分必要的。

▋放大镜

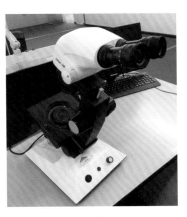

▋显微镜

（1）观察钻石的内部特征

钻石为天然矿物，一般都带有矿物包裹体、生长结构等各种天然的信息，这是钻石与其他人工仿制品的根本区别。

▋显微镜下观察到的钻石内部的晶体包裹体

▋Ⅱa型钻石内部的交叉状（榻榻米状）的内部生长结构

（2）观察钻石腰部和棱线特征

由于钻石硬度很大，有些钻石的腰部不抛光而保留粗面。这种粗糙而均匀的面呈毛玻璃状，又称"砂糖状"。此外成品钻石通常"面平棱直"，棱线锐利，很少出现大量的"尖点不尖""尖点不齐""抛光纹"等现象。而钻石的仿制品相对价格低廉，硬度小，棱线呈圆滑状，很难与钻石相混，腰部通常也不会进行精抛光。此外，为了获得最大质量，天然钻石腰围及其附近常常保留原始晶面，据此亦可区分天然钻石与钻石仿制品。

▋腰围未抛光的钻石，由于腰围区未抛光，呈砂糖状。棱线锐利，面平棱直。

▋钻石仿制品棱线圆滑，尖点不尖，尖点不齐，腰围多呈圆滑状的抛光腰。

▋腰部下方的原始晶面，是未抛光的钻石晶面。

◆ **紫外可见光分光光度计或紫外可见光纤光谱仪**

用于测量钻石的紫外可见吸收光谱特征，可以用于区分大部分天然钻石与钻石仿制品。同时，是研究钻石颜色成因（天然、处理、合成）的主要手段。

由于钻石的导带和价带之间的带宽（band gap）约为 5.5ev，相当于 225nm 左右紫外光的能量，因此，IIa 型钻石或是杂质极少的钻石（如含氮少的 IaA 和 IaB 型钻石）在紫外区可见 225nm 左右的强的吸收。

天然产出的钻石绝大多数是 Ia 型，主要由 N3 色心致色，可见 415nm 吸收峰，因此 415nm 吸收线是区分钻石与钻石仿制品的特征之一。De Beers 生产的仪器 DiamondSure 主要是利用可见光吸收特征来进行钻石与仿钻石以及 Ia 型钻石与 IIa 型钻石的排查工作。

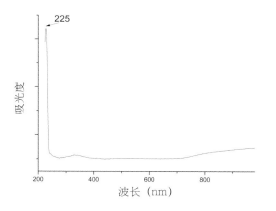

▌IIa型钻石的紫外—可见吸收光谱图

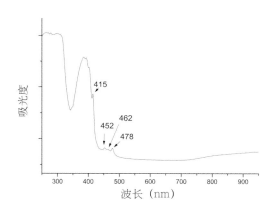

▌Ia型钻石的415nm吸收峰

◆ **红外光谱仪**

红外吸收光谱不但可以用来区分钻石与钻石仿制品，而且是钻石类型划分的主要依据，此外还为合成钻石以及处理钻石的鉴定提供有用的线索。钻石的本征峰位于 1500 ~ 2680cm^{-1} 之间，有 2030cm^{-1}、2160 cm^{-1} 和 2350cm^{-1} 等主峰，为 C−C 键之间的振动吸收峰，该区域的特征吸收峰是钻石与钻石仿制品的主要区别。

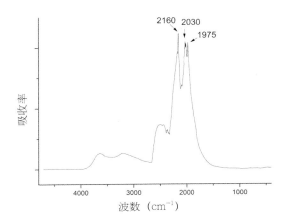

钻石的红外吸收光谱图

◆　激光拉曼光谱仪

　　钻石的拉曼特征峰为 1332cm^{-1}，对于区分不透明的黑色钻石及其仿制品（如黑色合成碳硅石），拉曼光谱是最好的方法。此外，液氮温度下钻石的光致发光光谱特征是研究钻石中缺陷或杂质的最佳手段。

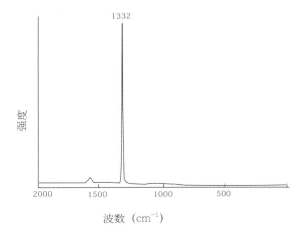

钻石的拉曼光谱图

◆ DiamondView 荧光观察仪

DiamondView 荧光观察仪主要用来观察钻石在超短波（<220nm）紫外光下荧光特征以及钻石表面的生长结构特征，据此可以区分天然钻石与合成钻石，以及可以鉴别部分处理钻石。

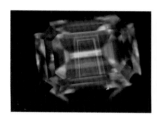 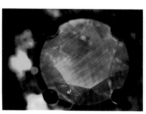 

▌天然Ⅰa型钻石在 DiamondView下的荧光特征，四边形环带。

▌天然Ⅰb型钻石在 DiamondView下的特征，两组相交滑移线。

▌HPHT合成无色钻石在DiamondView下可见清晰的分区现象。

▌HPHT合成Ib型钻石在DiamondView下不同生长区荧光颜色不同。

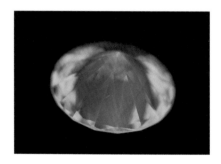

▌CVD合成钻石亭部可见明显的平行层状生长纹。

主要钻石仿制品的鉴别

　　钻石的仿制品很多，由于钻石的稀少和昂贵，人们很早就在仿制钻石方面绞尽了脑汁，最古老的代用品是玻璃。随着科学的发展，人们又不断生产出更近似钻石的仿制品，如人造钇铝榴石、人造钆镓榴石等，合成立方氧化锆是钻石最为理想的仿制品，它不仅无色透明，而且其折射率、色散、硬度都近似于天然钻石，为此曾在较长一段时间，迷惑过许多人。但是只要细心比较，仍可以区别。1998 年出现的合成碳硅石其物理性质更接近钻石，是目前与钻石最为接近的钻石仿制品。

　　总的来说，钻石的仿制品主要模仿钻石无色透明、高色散、高折射率的特点，但是它们在热学性质、硬度、密度、包裹体、荧光性质及吸收光谱等方面均有程度不同的差别（见表 2），利用这些差异，便可以将它们区别开来。

表 2 钻石及其代用品的物理性质

	名称	摩氏硬度	密度 (g/cm³)	折射率	双折射率	色散	商业代号及英文名称
	钻石	10	3.52	2.417	均质性	0.044	Diamond
人工宝石	合成碳硅石	9.25	3.22±	2.648～2.691	0.043	0.104	Synthetic Moissanite
	合成立方氧化锆	8.5	5.8±	2.15±	均质性	0.060	CZ(Cubic Zirconia)
	人造钇铝榴石	8	4.5～4.6	1.833±	均质性	0.028	YAG
	铅玻璃	5	3.74	1.62±	均质性	0.031	Paste
	合成金红石	6～7	4.26±	2.616～2.903	0.287	0.330	Synthetic Rutile
	人造钆镓榴石	6～7	7.05±	1.97±	均质性	0.045	GGG
	人造铌酸锂	5.5	4.64±	2.21～2.30	0.090	0.130	Lithium Niotate
	人造钛酸锶	5～6	5.13±	2.409±	均质性	0.190	Strontium Titanate
	合成尖晶石	8	3.52～3.66	1.728±	均质性	0.020	Synthetic Spinel
天然宝石	水晶	7	2.66±	1.544～1.553	0.009	0.013	Quartz
	锆石（无色透明）	7～7.5	3.90～4.73	1.92～1.98	0.060	0.039	Zircon
	蓝宝石（无色透明）	9	4.00±	1.766～1.770	0.004	0.018	Sapphire
	托帕石	8	3.53±	1.619～1.627	0.008～0.010	0.014	Topaz
	白钨矿（无色透明）	4.5～5	5.8～6.2	1.920～1.937	0.017	0.026	Scheelite
	闪锌矿	3～4.5	3.9～4.2	2.37	均质性	0.156	Sphalerite

合成碳硅石的鉴定特征

合成碳硅石是目前最好的钻石仿制品，由于其折射率、硬度等特征在所有的钻石仿制品中最接近钻石，鉴别合成碳硅石主要从以下几个方面进行。

◆ 放大检查

显微镜或放大镜下观察，合成碳硅石由于硬度也很高，因此，切磨好时，也可做到和钻石一样的面平棱直，但仔细观察仍能发现由于光泽以及硬度不同造成的区别，可见尖点不尖、尖点不齐的现象。

由于合成碳硅石具有很强的双折射，因此在放大镜或显微镜下，可观察到明显的底尖刻面棱呈双影的现象。目前由于切磨时，通常选择台面方向与晶体的光轴的 C 轴方向垂直，因此从台面下观察通常较难观察到刻面棱双影，需要倾斜台面，方能清晰可见。

合成碳硅石通常具特有的细而长的针管状包裹体，这也是其与钻石最大的区别。

此外，无色合成碳硅石的颜色通常带灰绿色调。

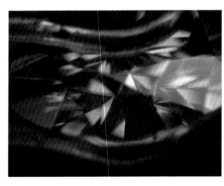

▌合成碳硅石中的后刻面棱双影　　　▌合成碳硅石带有灰绿色调

◆ **密度及掂重**

　　从表 2 中可以看到合成碳硅石的密度比钻石小，因此在大小相同的情况下，合成碳硅石要比钻石轻，因此，对于裸石用密度测试可以将它们区分开来。但由于二者密度相差不大，钻石普遍较小，因此一般用手掂量很难区分孰轻孰重。此外，当用钻石切工比例仪测试合成碳硅石的切工时，会发现切工比例仪给出的估算重量要比实际称量得到的重量值大。

◆ **偏光镜检查**

　　钻石为均质体矿物，合成碳硅石为非均质体，在正交偏光镜下转动合成碳硅石可见四明四暗的现象，而钻石则全暗，当然，由于在地球深处经历塑性变形，有些钻石会有异常消光和假消光现象。

◆ **色散**

　　白光由七色光混合组成，色散则是由于不同波长的光经过物质时折射率不同而造成的，理论上用该物质相对于红光（B=686.7nm）的折射率与紫光（G=430.8nm）的折射率的差值来表示，差值越大，色散强度越大（"火彩"越强）。钻石的色散值中等，为 0.044，因此，钻石的"火彩"柔和，而合成碳硅石比钻石色散大得多，因此"火彩"比较明显。

◆ **折射率测定**

　　合成碳硅石与钻石的折射率都较大，折射率均大于普通宝石折射仪的测试范围（即 > 1.81），因此普通的折射仪无法将二者区分开，但可用反射仪进行鉴别。

◆ **热导仪法**

　　用热导仪来鉴定钻石及其仿制品，是快速简便又较为准确的方法，尤其对于嵌入首饰中的钻石与仿制品的鉴定意义最大。但是合成碳硅石与钻石在热导仪下具有相同的反应，因此用热导仪很难将二者区分开。

◆　**其他大型仪器测试**

　　不同宝石其红外吸收光谱不同，因此根据红外吸收光谱可以轻易地区分钻石与钻石仿制品。合成碳硅石的红外吸收光谱，其主峰位于 917cm^{-1}。

　　此外，合成碳硅石无 415nm 吸收，其拉曼光谱也与钻石完全不同。

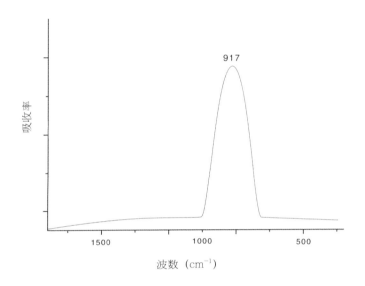

　合成碳硅石的红外吸收光谱图

黑色钻石与其仿制品的鉴别

　　"黑白钻"首饰在 20 世纪 90 年代后期成为时尚，天然黑色钻石很快供不应求，合成和各种方法处理的黑色钻石以及黑色钻石的仿制品开始作为替代品出现。与天然黑色钻石相似的宝石品种有赤铁矿、黑色蓝宝石、黑色尖晶石、黑色锆石、黑色合成碳硅石、黑色合成立方氧化锆等，目前常用来仿制黑色钻石的主要是光泽强、硬度高的黑色碳硅石、黑色合成立方氧化锆以及碳化硼（鉴定特征见表 3）。

表3　黑色钻石与相似宝石的鉴定特征表

	黑色钻石	黑色合成碳硅石	黑色合成立方氧化锆	碳化硼
颜色	黑色、深灰黑色、深褐色	黑色	黑色	黑色
光泽	金刚光泽	亚金刚光泽	亚金刚光泽	亚金属光泽
折射率	2.417	2.648～2.691	2.15	＞1.78
双折射率	无	0.043	无	无
摩氏硬度	10	9.25	8.5	9.3
SG	3.42	3.22	5.8	2.52
放大检查特征	棱线尖锐利，内部裂隙发育	表面粗糙，棱角圆钝	棱线不尖锐，贝壳状断口	黑色粉状
红外光谱	不可测	具合成碳硅石特征峰	合成立方锆特征峰	

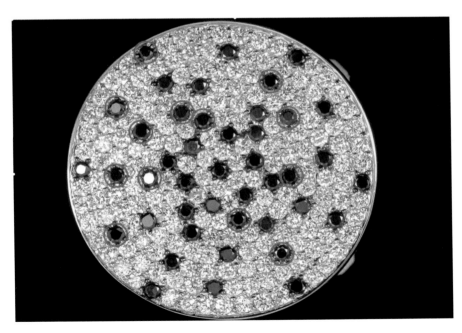

▎黑色钻石饰品中掺有黑色碳硅石，图中红圈内为黑色碳硅石。

Chapter 3

钻石的颜色

钻石除无色外，还有黄色、绿色、红色、橙色、蓝色、粉色、紫色、黑色等颜色，钻石的颜色基本上覆盖了从紫到红的整个光谱色系。钻石之所以能呈现出如此丰富的颜色，主要与钻石中的缺陷有关，缺陷组合方式不同，呈现出的颜色也不同。具有高硬度和高色散的彩色的钻石具有其他彩色宝石所不具备的非凡魅力，因此，好莱坞影星玛丽莲·梦露曾说：钻石，是女人最好的朋友。

钻石的颜色成因理论

古董钻石项链

钻石的颜色丰富多彩，几乎涵盖了所有光谱色中的颜色，同样，钻石的颜色成因也相当复杂，涉及物理学的许多领域。一直以来，为人所熟知的钻石颜色成因理论主要有：能带理论、缺陷色心致色、塑性变形致色、包裹体致色等。但随着科技的进步，钻石颜色呈色机制理论也在不断完善中，如原来认为褐色钻石主要是由于塑性变形致色，近些年来则认为是空穴团致色。

能带理论

能带理论可以很好地解释Ⅱa型无色钻石、Ib型以及Ⅱb型钻石的颜色成因。

钻石晶体具有典型的高能导带和低能价带，导带和价带之间的带宽（band gap）约为5.5ev，根据能量与波长之间的换算（E=1240/λ），该能量相当于225nm左右紫外光的能量，远大于400nm（3.1ev）紫光的能量，因此纯净的钻石（Ⅱa型）对可见光不产生吸收，钻石最终呈无色。

Ib型钻石中，单个氮原子取代碳原子，由于氮原子最外层比碳原子多一个电子，多余电子在钻石晶体的能带中产生一个附加的杂质能级（施主能级），这个杂质能级使价带和导带之间的带宽缩小至2.2ev，因此只要大于2.2ev的能量即可把杂质能级中的电子激发到导带中，吸收波长短于560nm的可见光，钻石呈黄色。

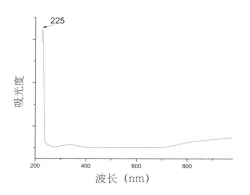

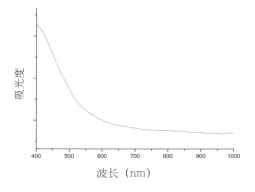

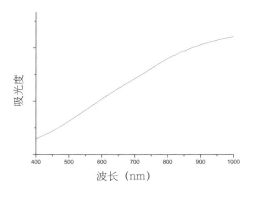

▍能带理论可以很好地解释Ⅱa型、Ib型和Ⅱb型钻石的致色机理

59

IIb 型钻石中，硼原子取代碳原子，由于硼原子比碳原子少一个电子，因而存在一个空位，与此空位相应的能量状态就是杂质能级，通常位于禁带下方靠近价带处。价带中的电子很容易激发到杂质能级上填补这个空位，这种能级提供空穴的杂质称为受主杂质。产生的杂质能级又称为受主能级，这个能级与钻石价带之间的带宽为 0.37ev，因此可以吸收的是红外光，该吸收可以延伸至可见光区的红区，因此钻石呈蓝色。

由于硼受主能级与钻石价带之间的带宽很小，常温下，热激发即可将钻石价带中的电子激发到受主能级。激发到硼受主能级的电子可以在电场的作用下自由移动，因此含硼蓝色钻石可以导电，是半导体。温度越高，热激发到硼受主能级的电子数越多，含硼钻石的电导率越高。

缺陷色心致色

色心（Color center），是指选择性吸收可见光的晶体结构缺陷，属于点缺陷。需要强调的是，以下介绍的钻石中的各种缺陷色心既可出现在天然钻石、处理钻石中，又有可能出现在合成钻石中，只不过是色心产生的强弱不同，色心组合不同，因此不能仅凭某一缺陷特征就将该钻石颜色成因定性。能否检测到色心吸收主要取决于钻石中是否真存在该色心；仪器的精度；检测条件；检测人员的操作能力等。

钻石中主要的致色色心如下。

◆ N3（415nm）色心

N3 中的 N 代表"natural"，意为天然钻石中常出现的吸收峰，相应的还有 N2，N4 ~ N9 吸收峰。N3 是由 3 个氮原子（N）和一个空穴组成，其零声子线位于 415.2nm 处，相关吸收还有 376nm、384nm、394nm、403nm 等。N3 是天然钻石中最为常见的色心（或点缺陷），是多数天然黄色钻石的致色因素。

一般情况下，N3 色心总是和 N2 吸收峰相伴出现，N2 吸收峰位于

478nm处，与478nm相伴出现的还有425nm、438nm、452nm、462nm等吸收。N2 吸收强度与 N3 色心吸收强度有关，N3 吸收越强，N2 吸收峰也越强。但 N2 不是零声子线，因此没有相应的荧光辐射。由于人眼对 400nm 左右的紫光敏感度较低，因此相对于 N3 吸收，N2 对钻石的颜色贡献更大，钻石的颜色越黄，N2 和 N3 吸收越强。

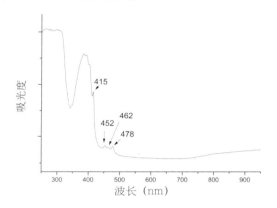

Cape系列钻石的紫外—可见吸收光谱，经典的组合是415nm、452nm、462nm和478nm吸收。

N3 色心吸收的强弱一般和钻石中聚合氮（尤其是 B 型氮）的含量有关，一般 B 型氮含量越高，N3 吸收越强。

N3 和 N2 吸收峰组成最为著名的"Cape"吸收光谱。Cape 是南非南部一座城市名称，由于 N3 吸收最早发现于 Cape 产出的钻石中，因此将含有 N3 吸收的天然钻石称为"Cape"钻石，N3 则被称为"Cape"线。

N3 色心产生蓝色荧光，但钻石荧光的强弱与 N3 吸收的强弱无关，而与钻石中的 A 型氮的含量有关，A 型氮含量越高，荧光越弱。

当然，N3 色心也可以由后期的处理出现，如通过高温高压处理合成钻石，将孤氮聚合，可以产生 N3 吸收。

◆ **2.6ev（477nm）吸收带**

477nm 吸收带为以 477nm 为中心的吸收宽带，通常使钻石呈漂亮的琥珀黄色，并常有亮黄色荧光。477nm 吸收带也是一电子振动色心，由于电

子振动耦合非常强，因此很难观察到其零声子线。一般 477nm 吸收带和 Ib 型吸收相伴出现，且钻石的氮含量相对较低。

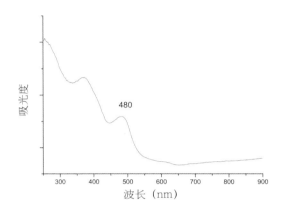

▌477nm吸收（或480nm吸收宽带）是钻石呈黄色或橙黄色的原因之一。

◆ H4（496nm）和 H3（503.2nm）色心

H 是 Heat 的第一个字母，意为与热或温度有关的色心。H2、H3、H4 以及 H1a、H1b、H1c 中的 H 都是 "Heat" 之意。

H4 是 B 型氮捕获一个空穴形成的色心，其零声子线位于 496nm 处，H4 色心经常出现在处理 Ia 型钻石中，天然钻石中极其少见。H4 色心在高温下不稳定，加热至 1400℃以上，H4 色心会逐渐减少直至消失。

H3 是 A 型氮捕获一个空穴形成的色心，其零声子线位于 503.2nm 处。H3 色心既可出现在处理 Ia 型钻石中，又可出现在天然褐色或天然黄绿色 Ia 型钻石中。H3 色心高温稳定，即使加热到 1400℃以上，仍稳定存在。一般强的 H3 吸收是钻石经过处理的一个重要提示。

相对于 H3 色心，H4 色心较弱，H4 色心的零声子线和 H3 色心的第一吸收峰非常接近，常温下一般不能很好地区分开来。

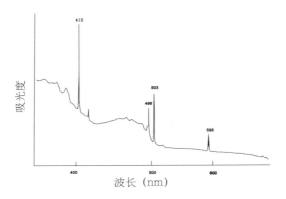

▎H3色心和H4色心，辐照热处理钻石中常可见强的H3和H4色心。

◆ （N-V）（575nm 和 637nm）色心

（N-V）色心即指一个氮原子捕获一个空穴所形成的色心。中性不带电的（N-V）色心在 575nm 处产生吸收，带负电的（N-V）色心在 637nm 处产生吸收。（N-V）色心产生的吸收使钻石呈粉色或紫色。

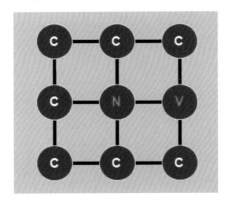

▎钻石中的（N-V）色心模型，可以呈中性不带电，亦可以带负电荷的形式存在。

由（N-V）色心致色的天然粉色钻石极少，即使天然钻石中存在（N-V）色心，一般也很弱，很难在吸收光谱中检测到，因此对钻石颜色的贡献有限。

天然 Ib 型和 HPHT 合成 Ib 型钻石，经辐照和热处理可以产生（N-V）色心，使钻石呈粉紫色或紫红色。

天然 Ia 型钻石经高温高压处理产生单氮原子，然后经辐照加热处理一样可以产生（N－V）色心，钻石最终颜色为粉色或粉紫色。

◆ **595nm 色心**

Ia 型钻石经辐照然后加热至 300℃，595nm 色心开始出现，加热至 800℃，595nm 吸收强度达到最大值，随着温度的升高，595nm 强度开始减弱，当温度升至 1000℃以上，595nm 色心逐渐消失，随之出现新的缺陷，595nm 和 A 型氮结合形成 H1b(4940cm^{-1})，与 B 型氮结合形成 H1c(5170cm^{-1})。天然钻石中很少见 595nm 吸收（实际上某些产地的钻石也仍可见此吸收），因此强 595nm 色心的存在是钻石处理的佐证。但由于其在高温下不稳定，因此无 595nm 色心并不能说明钻石未经处理。由于 595nm 色心较弱，因此对钻石的颜色几乎无任何贡献。

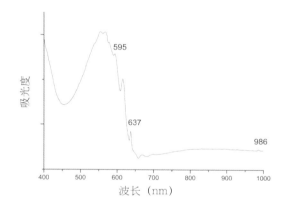

（N-V）色心产生575nm和637nm吸收，使钻石呈粉紫色。

◆ **（Si－V）（737nm）缺陷色心**

（Si－V）缺陷带负电荷产生 737nm 吸收，实际上是 736.6nm 和 736.9nm 双线，中性不带电则产生 946nm 吸收。CVD 合成钻石中常见 737nm 吸收，HPHT 合成无色钻石中也可见弱的（Si－V）⁻缺陷，同时某些天然钻石中也可检测到弱的 737nm 吸收。但强的（Si－V）⁻吸收是 CVD 合成钻石的一个重要指示性特征。

当用超短波紫外荧光照射 Si 含量很高的 CVD 合成钻石时，$(Si-V)^{-}$缺陷会减少，相应 $(Si-V)^{0}$ 缺陷会增多，因此钻石的颜色由无色或浅褐色变为灰蓝色，这也是一种光致变色现象。当停止紫外照射一定时间后，钻石的颜色会恢复到原来的颜色。

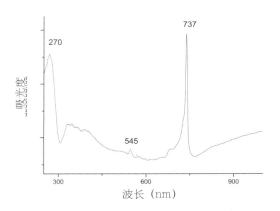

Si含量高的CVD合成钻石中可见明显的737nm吸收，737nm吸收是由(Si-V)⁻产生。

◆ GR1（741nm）色心

　　GR 是 General Radiation 的缩写，是由于高能辐射在钻石晶体中产生的空穴而形成的色心。高能射线（电子、中子、α 粒子、γ 射线）辐射钻石时，钻石中的碳原子离开原来的晶位，留下一空穴，空穴产生的吸收即是 GR1 吸收，GR1 吸收的零声子线位于 741nm，并在 412 ~ 430nm 波长范围形成一个宽吸收带并伴随有 GR2 − 8 吸收。而离开正常晶位的碳原子则以填隙子的形式存在。

　　GR1 色心本身可以使钻石呈蓝色，经辐照处理的 IIa 型钻石即为蓝色。当钻石中含有 N3 吸收时，根据 GR1 和 N3 吸收的相对强弱，钻石的颜色也会有变化。只有 GR1 吸收无 N3 吸收时，钻石呈蓝色；当 GR1 色心对可见光的吸收强于 N3 色心产生的吸收时，钻石颜色为绿蓝色；当二者吸收强度相当时，颜色为绿色；当 GR1 色心吸收弱于 N3 色心产生的吸收时，钻石为黄绿色；当只有 N3 色心致色时，钻石为黄色。

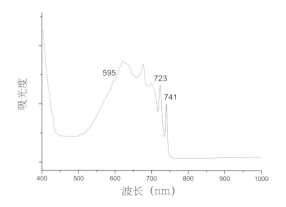

辐照处理蓝色钻石，可见明显的741nm吸收。

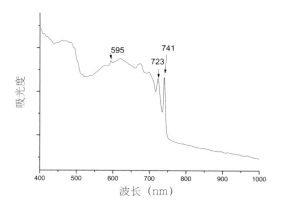

辐照处理绿色钻石，可见明显的741nm吸收。

◆ H2（986nm）色心

H3一个带负电荷即为H2色心，即（N－V－N）⁻，H2与单氮原子有关，因此 H2 色心可出现在高温处理的钻石以及天然 Ib－IaA 型钻石中。通常强的 H2 吸收是钻石经过处理的一个指示性特征。

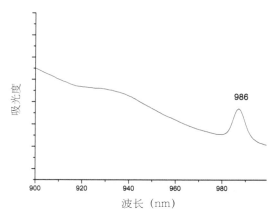

H2色心产生的986nm吸收

除上述色心外，钻石中还存在其他色心，如 ND1、3H 等。ND1 色心为带负电的空穴，在 393nm 处产生吸收；而 3H 色心在 503.4nm 处，可能与碳填隙子有关。3H色心的零声子线与H3的零声子线十分接近，极易混淆。

塑性变形

钻石晶体在外力的作用下会发生晶格形变。晶格变形的形式有三种：点状变形、线状变形、面状变形。根据晶格变形的程度，钻石的晶体变形分为两类：塑性变形和永久变形。钻石晶体的塑性变形在高温高压下或其他应力的作用下会部分或全部恢复晶格结构；当变形超过塑性变形的临界点时，钻石晶格无法再恢复，这种晶格变形是永久变形，在任何物理条件下都不可恢复。

澳大利亚阿盖尔矿所产出的棕色和粉色钻石都是由塑性变形产生的，天然红色钻石的颜色也与塑性变形有关。

钻石的塑性变形产生一个以 550nm 为中心的宽吸收带，并伴随一个以 390nm 为中心的吸收带，550nm 吸收带也属于电子振动心，是天然钻石呈粉色或红色的主要原因，此外一些褐色钻石中也可见 550nm 吸收带。

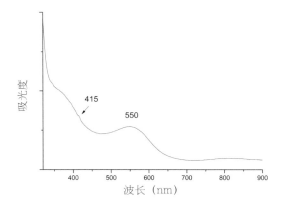

| 由于塑性变形产生的550nm吸收，是天然钻石呈粉色和褐色的主要原因。

同时，塑性变形也是钻石呈褐色的必要条件，但也并不是所有的具有塑性变形的钻石都呈褐色。

包裹体致色

钻石在生长过程中会将周围的矿物包裹其中，钻石中主要出现的包裹体矿物有橄榄石、石榴锆辉石、尖晶石等。钻石在形成过程中，如果形成条件（温度压力条件）位于钻石和石墨相线的附近，这时碳元素既可结晶成钻石，又可形成石墨，在这种条件下形成的钻石往往具有大量的石墨包裹体，根据石墨包裹体含量的多少，颜色可能由无色到灰色到黑色。只要含有细小的石墨晶体，任何类型的钻石都可能呈现灰色。

| 钻石中大量的黑色包裹体使钻石呈黑色

除石墨外，其他矿物包裹体很少使钻石呈色，迄今为止，唯一例外的是俄罗斯西伯利亚产出的黑色钻石中含有大量的赤铁矿、磁铁矿和纯铁包裹体，钻石呈黑色主要是由各种铁矿物包裹体共同产生。

光致变色或热致变色

有些钻石具有光致变色或热致变色的现象。钻石的光致变色现象是指钻石被一定波长的光照射后，其内部结构发生变化，导致其吸收光谱发生明显的变化，而在另一波长的光照射或热的作用下，又恢复到原来的颜色的现象。热致变色是指钻石被加热到一定温度时，其内部结构发生变化，导致其吸收光谱发生明显的变化，当热源撤除降至常温时，颜色恢复到原来的现象。

"变色龙钻石"是其中一种，当加热或在黑暗的环境下变色龙钻石颜色会发生变化，由灰绿色或褐绿色变为黄色或橙黄色。其变色效应主要是由于加热钻石时，480nm 和 800nm 吸收宽带强弱发生变化，钻石的颜色因此由褐绿色变为橙黄色。

▌变色龙钻石—加热前　　　　　　　　▌变色龙钻石—加热后

有些天然粉色钻石具有变色效应，当紫外灯照射后，颜色会由粉色变为褐粉色或褐色，有些淡粉色钻石经紫外灯照射后会变为无色或近无色。这种变色效应不是永久性变色，随着紫外光源的撤除，颜色也会慢慢恢复至其本色。这种变色机制与变色龙钻石完全不同。

此外，HPHT 处理的淡粉色钻石、CVD 合成粉色钻石以及某些硅含量高的 CVD 合成钻石都具有变色效应。当紫外光照射时，HPHT 处理的淡粉色钻石变为无色；CVD 合成粉色钻石颜色会加深，加热到 450℃ 以上时颜色会变浅。同样，短波或超短波紫外光照射含硅 CVD 合成钻石时，颜色会变为灰蓝色或蓝色。

荧光

荧光也是一种发光现象，钻石荧光是指钻石在紫外线激发下发出可见光。当紫外线激发停止后，发光现象即停止，称之为荧光；如果紫外线激发停止后，仍持续发光，则称之为磷光。

对于有荧光的物质，当紫外线照射时，物质吸收紫外能量，使电子从其稳定的低能态（基态）跃迁至高能态（激发态）。高能态为不稳定态，所以电子会自发跃迁至相对更稳定的较低能量的激发态。当电子由激发态返回基态时，以光的形式释放能量，释放出的能量一般要低于激发能量。波长与能量成反比，能量越高，对应的波长越低，因此相对于激发能量对应的波长，释放能量对应的波长要长。可以产生这种电子运动的结构称为发光中心，一般是晶体晶格中的特定缺陷，如带电离子、空穴，或晶位掺杂原子。

宝石级钻石通常含有大量的结构缺陷，大部分与氮、氢、硼等杂质原子有关。最常见的为与氮有关的缺陷，其中有些缺陷会产生发光现象。氮杂质缺陷与它们的荧光之间的关系如下。

Ib 型的钻石中单氮原子取代碳原子，产生橙黄色荧光。

A 型氮抑制荧光。

N3 中心产生蓝色荧光。

（N－V）色心产生橙色荧光。

H3（或 H4）中心产生绿色荧光。

同一颗钻石中可能含有多种不同的缺陷，因此，氮含量、氮聚合状态、钻石颜色、荧光颜色和强度之间的关系复杂。同一颗钻石可能同时存在两种不同颜色的荧光，或呈明显分区或以混合色呈现。荧光是钻石的一个常见特征，一般荧光不会影响钻石的净度。

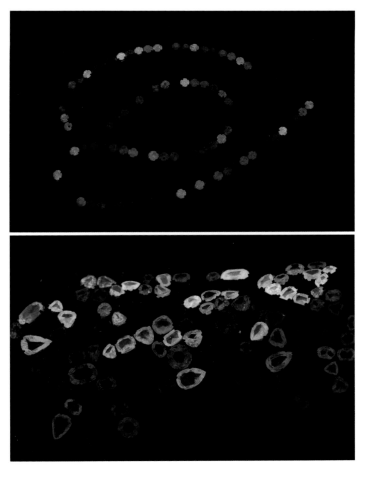

▌不同颜色钻石在长波紫外灯下的荧光特征

不同颜色的钻石

　　钻石的颜色丰富多彩，除我们常见的无色、浅黄色、黄色钻石外，还有橙色、红色、绿色、蓝色、粉色、黑色等颜色。接下来逐一介绍各种颜色钻石，包括其颜色成因、基本特征等。

无色钻石

　　无色钻石可以用能带理论解释其呈色机理。纯净的钻石无任何杂质，属于Ⅱa型，其导带和价带之间的带宽约为5.5ev，根据能量与波长之间的换算（$E=1240/\lambda$），该能量相当于225nm左右紫外光的能量，远大于

400nm（3.1ev）紫光的能量，因此钻石对可见光不产生吸收，钻石最终呈无色。因此无色 IIa 型钻石的吸收光谱图仅可见波长短于 225nm 的强吸收。

当钻石中仅含 A 型氮时，即属于纯的 IaA 型钻石，由于 A 型氮的吸收在紫外区，在可见光区无吸收，因此钻石也呈无色；同样当钻石中仅含有 B 型氮（IaB）时，B 型氮同样只在紫外区有吸收，在可见光区无吸收，因此钻石也呈无色。

钻石中既含有 A 型氮又含有 B 型氮，当 N3 产生的 415nm（靠近紫外区）吸收强度很弱时，其对颜色产生的影响几乎可以忽略不计，这时钻石也会呈无色。随着 N3 吸收的增强，钻石的黄色调会越来越浓，钻石的颜色也逐渐由无色、近无色、浅黄色到黄色。

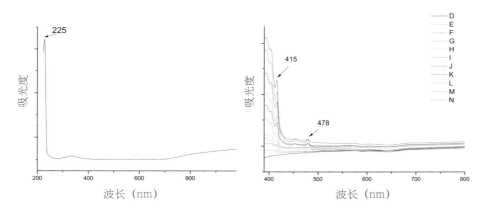

▌ 无色 IIa 型钻石的紫外—可见吸收光谱图

▌ 钻石随着颜色从D到N的变化，415nm 的吸收也在逐渐增强，同时随着颜色越来越黄，478nm吸收也越来越明显。

黄色钻石

黄色钻石占天然彩色钻石的绝大多数，实际上，所谓的无色钻石中，只有极少数是真正的无色，其余绝大多数都带有不同程度的黄色调。黄色

钻石的成因较多，这里的黄色钻石包括带褐色调、绿色调或橙色调的钻石。

不同黄色调的黄色钻石

I 型钻石多是无色—浅黄—黄色系列，对于 Ia 型钻石可以用色心理论来解释其颜色成因；而 Ib 型钻石用能带理论可以作出更好的解释。

1. N3 和 N2 共同致色的 Cape 黄钻石，这种黄色通常像成熟的秸秆的黄色。N3 和 N2 吸收越强，颜色越黄。如果有 550nm 左右吸收，钻石呈褐黄色，如果经过轻微天然辐照，有弱的 741nm 吸收，钻石会呈淡淡的绿黄色。

2. Ib 型黄钻主要吸收 550nm 以下的可见光，因此钻石呈黄色，典型的 Ib 型黄钻称为 "Canary" 黄，即金丝雀黄。天然 Ib 型黄钻相对较少，且多为 Ib 和 IaA 的混合类型。而 HPHT 合成钻石多为 Ib 型，但如果高温高压处理后，不但颜色可以变浅，钻石类型也会由 Ib 型变为 IaA-Ib 型，甚至可以处理为 IaAB-Ib 型，但颜色不会完全变为无色。

3.480nm 和 Ib 型共同作用产生的黄色，常带有橙色调。

4. H3 和 N3 共同作用产生黄色，通常会带有绿色调。天然带绿色调的黄色钻石通常有褐色调，整体颜色偏暗。

下图为上述各种黄色钻石的可见光吸收光谱图，从图中可清晰看出它们呈黄色的主要原因。

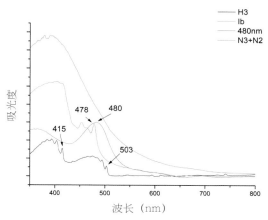

不同成因黄色钻石的可见光吸收光谱图

虽然世界各地均有黄钻产出，但大的黄钻仍主要来自南非，著名的 Tiffany 黄钻石于 1878 年产自南非的金伯利岩，成品重 128.54ct，曾被 Tiffany 公司设计为不同的款式展出，最著名的一款为 "Bird on Rock"。

蓝色钻石

天然蓝色钻石很少见，属于 IIb 型，几乎不含氮元素，含微量硼元素。IIb 型钻石中，硼原子取代碳原子，由于硼原子比碳原子少一个电子，在价带和导带之间产生受主能级，这个能级产生的吸收可以由红外区延伸至可见光区的红区，因此钻石呈蓝色。由于受主能级与价带之间的带隙很小，因此价电子在热的作用下即可跃迁到受主能级，使钻石导电，所以蓝色钻石是半导体，含硼蓝色钻石的导电性强弱取决于钻石中硼和氮的相对含量，而不仅仅只是硼的含量。大部分天然含硼蓝色钻石具有白垩状蓝色或绿色磷光，少数具红色或橙红色磷光。

澳大利亚阿盖尔（Argyle）矿中产不含硼元素的 Ia 型灰蓝色钻石，红外光谱检测钻石中含有氢元素（H），拉曼光致发光光谱数据显示有镍元素存在，究竟是什么导致阿盖尔钻石呈灰蓝色呢？目前仍在研究之中。阿盖尔灰蓝色钻石具有中到强的黄—黄绿色荧光，且长波强于短波，并具有弱到中的黄色磷光。

当合成钻石中加入硼元素时，钻石也会呈蓝色，含硼合成钻石具蓝色磷光，偶见橙色磷光，具导电性。

高温高压处理可以将 IIb 型灰色或灰蓝色钻石处理为蓝色钻石。辐照处理也可以使钻石呈蓝色，主要是由 GR1 致色，但不具导电性。

▌天然蓝色钻石，由硼致色。

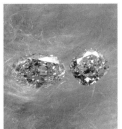

▌合成和辐照处理蓝钻石

粉色、紫色系列钻石

天然紫红色和粉红色钻石主要是由钻石晶体的塑性变形产生。钻石晶体在地幔高温高压环境下，受不均匀侧向力的挤压，结构产生塑性变形，在塑性变形产生的滑移带区域形成未知结构的缺陷色心，该缺陷在550nm处产生吸收，因此致钻石呈粉色、紫色或褐色。在显微镜下，塑性变形呈粉红色或褐色带状分布，即沿滑移带分布。

天然粉色钻石的另一种成因是（N−V）缺陷致色，这种成因的粉色钻石目前仅发现于印度的戈尔康达（Golconda）地区，非常罕见。（N−V）^{0} 色心产生575nm吸收，即对可见光的黄色部分产生吸收，透过红光和蓝紫光混合产生淡粉红色。印度Golconda的粉红色钻石属于IIa型，氮含量极低。由于（N−V）在色心产生的条件是高温下N与空穴相结合，因此，Golconda的粉红色钻石形成早期经历天然辐照，之后又经历高温环境。Golcanda粉钻颜色分布均匀，由于氮含量极低，所产生的致色缺陷（N−V）色心也很少，因此呈淡粉红色。此外，产于印度的Agra（28.15ct）和Hortensia（20.53ct）钻石均为淡粉色，由（N−V）色心致色。

天然Ib型钻石或含孤氮的Ia型钻石以及合成Ib型钻石或含有孤氮的CVD合成钻石经辐照和热处理可以产生（N−V）色心，可以使钻石呈粉红色或紫红色，钻石的最终颜色与钻石所含的孤氮原子的含量以及辐照产生的空穴数量（即辐照的强度）有关。

天然不含孤氮的Ia型钻石经高温高压和辐照加热处理，同样可以产生（N−V）色心，使钻石呈粉色或紫红色。

部分褐色IIa型钻石经高温高压处理也可以变为粉色或紫粉色。

CVD合成方法可以合成出褐粉色钻石，同样褐色的CVD合成钻石可以通过高温处理或辐照加热处理变为粉色。

▌粉色、褐粉色CVD合成钻石

有些粉色钻石具有变色效应，当被宝石紫外灯照射后，颜色会由粉色变为褐粉色或褐色，有些淡粉色钻石经紫外灯照射后会变为无色或近无色。这种变色效应不是永久性变色，随着紫外光源的撤除，颜色也会慢慢恢复至其本色。因此，在进行钻石颜色分级时，一定要先进行颜色等级划分，再观察其荧光，进行荧光等级划分。

目前，澳大利亚阿盖尔矿是粉钻的主要产地，在阿盖尔矿发现之前，粉钻只是零星可见。阿盖尔矿粉钻通常为 Ia 型，颜色较深，且多为 1ct 以下。大的粉钻通常为 IIa 型，但颜色一般较浅，因此饱和度高的大粉钻很是罕见，"Steinmetz"粉钻是其中之一。Steinmetz 粉钻产自南非，重 59.60ct，椭圆形，由 Steinmetz 公司历时两年切割而成。Steinmetz 粉钻颜色级别为艳彩粉色（Fancy Vivid Pink），净度级别为内部无瑕（IF），具弱蓝色荧光。

▌天然粉紫色钻石

红色钻石

　　天然红色钻石十分罕见，红色钻石与粉色钻石一样，主要是由塑性变形引起的550nm吸收而致色。迄今为止发现的最大的天然红色钻石为5.11ct的"Moussaieff"钻石，Moussaieff钻石为三角形明亮式切割，Ia型，长波紫外灯下具中到强蓝色荧光，短波下有弱的蓝色荧光。Moussaieff钻石于20世纪90年代发现于巴西，原石重13.90ct。另一颗有名的红色钻石为Hancock，重0.93ct，实际上这颗钻石为带紫色调的红色，正是这颗钻石在1987年的拍卖会上的高价成交激起了大家对红钻的热爱。

▌带有紫色调的红色钻石，重0.29ct。

橙色钻石

天然橙色钻石比较少见，尤其是纯正的橙色钻石，多数橙色钻石会有褐色调或黄色调。橙色钻石多为 Ib-IaA 型，主要是由于 477nm 吸收宽带和孤氮吸收共同致色。目前为止，世界上最大的橙色钻石为 5.54ct 的"Pumpkin"钻石，切工为垫型明亮式，GIA 给出的颜色级别为艳彩橙色（Fancy Vivid Orange），在荧光灯下（LW 和 SW）具弱到中的橙色荧光。Pumpkin 钻石为 IIa 型，为饱和度极高的橙色钻石，发现于 20 世纪 90 年代中期，1997 年由温斯顿公司在苏富比拍卖会上购得，因其颜色和购买日期（万圣节前夕）而得名，颜色成因不详，可能为 477nm 吸收致色。

▎天然橙黄色和黄绿色钻石

绿色钻石

天然纯正的绿色钻石较为罕见，绿色和蓝绿色钻石通常是由于长期天然辐射作用产生 GR1 吸收而致色。"Dresden"绿钻是迄今为止发现的最大的天然纯绿色钻石，重 41ct，梨形变形明亮式切工，VS 级别，长波及短波紫外灯下均无荧光及磷光，显微镜下仔细观察有绿色辐照斑点。一般天然辐照钻石的颜色仅限于表面，当切磨成刻面时，表面绿色也随之切磨掉，如果钻石能呈色，也仅是微微绿色，而 Dresden 绿钻则是通体均匀的绿色，像 Dresden 这样通体绿色的天然钻石极少见。

α 和 β 粒子仅能穿透钻石的近表面，切磨后基本不可见辐照的痕迹。而 γ 射线和中子辐射可以穿透钻石的内部深处，因此 Dresden 绿钻可能是在形成后由于靠近地下放射性源，放射性元素在衰变的过程中产生 α 粒子、β 粒子和 γ 射线，对钻石进行辐射，其中 γ 射线可能是其致色的原因之一。另铀矿相当于自然的核反应堆，会释放中子，因此中子和 γ 射线的共同作用使 Dresden 钻石最终呈漂亮的绿色。

通过人工辐射，一样可以使钻石呈绿色或蓝绿色，主要致色因子也是 GR1 吸收，当 GR1 色心对可见光的吸收强于 N3 色心产生的吸收时，钻石颜色为绿蓝色；当二者吸收强度相当时，颜色为绿色。

Dresden绿钻，通体均匀的绿色，为天然辐射致色。

天然绿色钻石戒指

通常，绿色和褐色辐照斑点是钻石经历天然辐射的直接证据，目前人工辐照处理的钻石表面还未发现类似的辐照斑点。对有辐照斑点的无色、褐色或黄色等钻石进行人工辐照处理以改变其颜色，辐照斑点的颜色一般不会改变，但钻石的颜色却是经过人工处理得到的。此外，对具有辐照斑点的钻石进行热处理，辐照斑点仍然存在，但斑点的颜色会发生变化，如原来是绿色斑点，经热处理后，辐照斑点可能会变为褐色或黄褐色。

▌钻石表面的天然的褐色和褐绿色辐照斑点，左图钻石原石晶面上可以看到明显的黄褐色斑点，右图可见明显的深绿色的辐照斑点，钻石表面可见一层淡淡的绿色。

当 Ia 型钻石经辐照加淬火热处理后，产生强的 H3 和 H2 吸收峰，这时钻石呈黄绿色，天然和人工辐照热处理都可产生黄绿色钻石。

▌天然和人工辐照热处理黄绿色钻石，左图为天然辐照热处理的钻石，右图为人工辐照热处理钻石。

褐色钻石

除无色外，褐色钻石的数量最多。由于颜色不讨喜，因此很长一段时间内，褐色钻石都被用作工业用途。一直以来都认为褐色钻石的颜色主要是由晶体的塑性变形产生，塑性变形的程度越高，褐色色调就越深。由于褐色钻石是钻石处理的主要原材料，因此，近年来对褐色钻石的研究越来越多。目前已经证明钻石的褐色主要是由于塑性变形产生的位错中存在大量空穴团，空穴团对可见光产生无选择性吸收，使钻石呈褐色。通过人工处理，可以使褐色钻石变为无色、粉色、黄色或黄绿色等。

▎天然黄褐色钻石

黑色钻石

过去，黑色钻石主要用于工业用途，很少用于珠宝首饰。近一二十年来，黑色钻石逐渐被人们所接受，小的黑色钻石经常用来做配石或是用于群镶钻石中。

黑色钻石有单晶和多晶钻石之分。绝大多数的黑色单晶钻石的颜色是

由于钻石中所含的包裹体所致。包裹体可以是石墨，也可以是磁铁矿、赤铁矿或纯铁。显微镜下，石墨一般为微小片状，均匀分布于钻石中，射光显微镜下观察，可见"椒盐状"外观。由于石墨对可见光的吸收率极高，因此，当钻石中石墨包裹体多时，钻石就会呈黑色。西伯利亚产出的黑色钻石颜色由大量的磁铁矿包裹体造成，黑灰色钻石颜色主要是由赤铁矿和纯铁包裹体致色，因此，当黑色钻石中含有铁质矿物包裹体时，钻石会有磁性。此外，非洲某些矿区产出的深灰色钻石中也含有大量磁铁矿包裹体。

最著名的黑色天然钻石，67.50ct的Orloff（奥拉夫）钻石，原石重达195ct，相传这颗钻石原属于印度一神庙，后俄国奥拉夫公爵夫人曾拥有这颗钻石，并以她的名字命名。

多晶黑色钻石主要有两个品种，"Carbonado"钻石和"Framesite"钻石。

Carbonado 是天然多晶钻石，常为碳灰黑色，具多孔结构，仅发现于巴西、中部非洲以及俄罗斯，主要产于冲积矿和沉积岩中。与产于金伯利岩的钻石不同，Carbonado 钻石几乎不透明，由很多小的晶体组成，不含典型的地幔矿物包裹体。Carbonado 钻石比普通的宝石级钻石的硬度稍大，具有良好的热导性，由于其特殊的多晶结构，使得钻石不易碎裂，主要用于研磨工具，其性能更优于产于金伯利岩的工业级金刚石。目前所知的最大的Carbonado钻石于1938年发现于巴西，重达3167ct。正长石、磷铝铈矿、钙黄长石、高岭石等矿物是Carbonado钻石所含的特征矿物。Carbonado钻石与其他黑色钻石的区别在于它的空洞中存在其他黑钻石不含有的特殊包裹体，像磷铝铈矿等，这些矿物主要属于地壳来源。

▌产自辽宁瓦房店的黑色钻石

Framesite钻石主要产于金伯利岩，以20世纪20年代De Beers公司主席P.Ross Frame的名字命名，主要产于南非的Premier和Venetia矿，以及博茨瓦纳的Orapa和Jwaneng矿，此外还产于俄罗斯。Framesite钻石常为淡灰色或褐色，自形晶较大，不同矿产出的Framesite钻石其结构和其所包含的包裹体略有不同。石榴石以及铬铁矿是Framesite钻石中常见的包裹体。

由于对黑色钻石的需求增加，人工处理、合成黑色钻石以及黑色钻石仿制品也开始出现于市场上。人工处理产生黑色钻石的方式有两种，一种是辐照处理，高能中子强辐射钻石产生晶格破坏和空穴，尽管看上去是黑色，但是在强光源照射下，钻石腰围区呈暗绿色，并且可以检测到强的GR1吸收。一种是热处理，热处理黑色钻石是近十年来新出现的处理方式，一般选用质量很差的钻石来做处理，在真空或低压环境中高温加热钻石，使钻石包裹体或裂隙石墨化，从而使钻石呈黑色。热处理黑色钻石的

黑色多集中于近表面或开放裂隙中。此外，可以借助拉曼光致发光光谱特征来检测热处理黑色钻石。

合成黑钻石也包括单晶及纳米多晶钻石，单晶合成黑钻石在强光源照射下是很暗的深蓝色，是含硼的Ⅱb型钻石。纳米多晶钻石（即NPD钻石，Nano Polycrystalline Diamond）是近年来钻石合成领域的又一大发展，NPD钻石硬度高，透明度好，颜色通常为棕黄色。而NPD黑钻石含有大量纳米级石墨包裹体以及非晶碳质包裹体，在强光源照射下NPD黑钻石呈深棕黄色。

变色龙钻石

变色龙钻石室温下通常是灰绿色、灰褐绿或褐橙色、褐橙黄色等，加热至150℃以上，或在黑暗的环境中放置一段时间，其颜色由灰绿色（带有黄或褐色调）变为黄色或橙黄色，变色效应可逆，当将之重置于正常光照条件或冷却至室温条件时，颜色又恢复至灰绿色。因此经典的变色龙钻石同时具有热致变色及光致变色的特性。

经典的变色龙钻石一般都具有弱的Ⅰb型钻石特征，即钻石中含有孤氮缺陷；含有与氢有关的缺陷；含有与镍有关的缺陷。长波紫外灯下，所有的变色龙钻石都具有中到强的荧光，短波紫外灯下，有弱到中等的荧光，最大的特征是所有的变色龙钻石在短波紫外光下都有磷光，且持续时间较长，磷光颜色为黄色。

变色龙钻石可以依据加热后颜色是否发生改变来判断。但并不是所有的灰绿或褐绿色钻石都具有变色龙效应。氢（H）含量很多或不含氢（H）的黄到灰褐绿色钻石，塑性变形致色的灰绿或褐绿色钻石都不具有变色龙效应；无磷光的黄到褐绿色含氢钻石，虽其光谱特征与变色龙钻石相似，但不具变色龙效应。

▌变色龙钻石加热前后颜色变化，左图为加热前，颜色为褐绿色；右图为加热后，颜色变为黄绿色。

▌周大福红色钻石戒指

Chapter 4

钻石的优化处理

　　不管是无色还是彩色钻石都是人们消费和投资的热宠，尤其是更为稀有的彩色钻石（蓝色、粉色和红色等），价格高得令人望而生畏。因此钻石的处理也就应运而生，通常选用颜色净度不好的钻石作为处理原材料，通过不同的处理方式来达到改善钻石的颜色和净度的目的。

钻石的颜色处理

钻石的处理包括颜色处理和净度处理。颜色处理包括非永久性颜色改变以及永久性颜色改变。非永久性颜色改变方法有：覆膜处理；永久性颜色改变的处理方法有：辐照处理、辐照和热（淬火）处理、高温高压处理、高温低压处理以及高温高压加辐照热处理（多过程处理）等。光谱学方法（紫外可见吸收光谱、红外光谱、激光拉曼光致发光光谱等）是鉴别永久性颜色改变钻石的重要手段。虽然光谱学方法是鉴别颜色处理的最主要的手段，但仍可以从一些简单易见的特征中找到颜色处理的蛛丝马迹。净度处理方法主要有：充填处理以及激光钻石处理。钻石处理一般不会只采用一种处理手段，同一颗钻石上可能同时存在激光钻孔处理和充填处理、充填处理和镀膜处理、辐照处理和中温热处理等组合处理。

覆膜处理

覆膜处理是一种传统的用于改善钻石的颜色的方法，一般是在钻石的亭部或腰围进行覆膜，或用以掩盖原来的颜色以提高色级，或用以产生新的更漂亮的颜色。

◆ 覆膜提高钻石色级

在淡黄色钻石的亭部或腰围覆蓝色膜，或将钻石浸泡在蓝色墨水中，可以掩盖钻石的黄色调，提高钻石的颜色色级。这种传统的覆膜一般比较好鉴定，在亭部表面或腰围区会有很多蓝色斑点。如果原来钻石的颜色发黄（颜色级别为 M 或小于 M），浸泡在蓝墨水中，蓝色和黄色一结合，会使钻石颜色偏绿，颜色级别也会因此提高一到两个级别，经验不足的分级人员或是普通消费者对此毫无警惕，极易上当受骗，当用酒精浸泡或用酒精棉擦拭钻石时，会发现酒精颜色变蓝或酒精棉上有蓝色污迹。

◆ 覆膜产生彩色钻石

在褐色钻石亭部覆有色膜可以使钻石颜色变为粉色、橙色、黄色、蓝色等。这种膜薄，硬度相对较高。

主要鉴定特征：

放大镜或显微镜下用反射光观察，可见棱线上膜被磨损或脱落的痕迹，覆膜刻面上有白色划痕、有色斑点等特征；

化学成分分析（EDXRF）可检测到硅（si）以及其他金属（Au、Ag、Fe 等）成分；可见光吸收光谱特征异常；

在 DiamondView 荧光观察仪下观察下膜无荧光，因此膜脱落的部分和未脱落部分荧光反应不同。

▌覆膜处理紫红色和褐黄色钻石，可见亭部色斑，棱线颜色磨损，以及膜脱落痕迹。

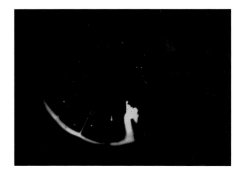

▌在DiamondView荧光观察仪下观察，可明显看出覆膜处和未覆膜处的荧光完全不同。

辐照处理

　　高能粒子轰击钻石，使钻石中碳原子离开正常的晶位，产生空穴色心（GR1），空穴色心选择性吸收可见光，使钻石呈绿色或蓝色，甚至黑色（实际是墨绿色）。辐照处理最终得到的颜色取决于钻石的类型、辐照源类型以及辐照能量及时间等。

辐照源可以分为以下三类。

1. 带电粒子（包括带负电的电子、带正电的质子、α 粒子）可以进入钻石内部，并留在钻石内部。

2. 中性不带电粒子（中子），中子进入钻石内部，可能留在钻石内部。

3. 纯能量，包括 X 射线和 γ 射线。

回旋加速器可以产生中子、质子、α 粒子以及氘核，原子核反应堆可以产生中子，范德格拉夫加速器可产生电子。

α 粒子，由重原子（如铀、镭）或人造核素衰变时产生，由两个中子和两个质子构成，实际上就是氦原子核，质量为氢原子的 4 倍。α 粒子是带正电的高能粒子，由于质量大，它在穿过介质后迅速失去能量，不能穿透很远。α 粒子的体积比较大，又带两个正电荷，容易电离其他物质。由于 α 粒子人工辐照钻石具有放射性，需要五十年以上的时间才能蜕变到安全范围，因此不适合于商业用途的钻石改色。在自然界中，α 粒子辐照比较常见，但主要是表面致色，切磨过程中颜色很难保留下来，因此天然绿色钻石很少，有时在可见光吸收光谱中可检测到弱 GR1 吸收。α 粒子辐照还会在天然钻石表面留下绿色斑点，之后钻石经历高温环境，绿色斑点会变为褐色斑点，常在腰围区或底尖等部位观察到褐色色斑，即天然辐照的证据。

β 射线，即为高速的电子流，带负电，穿透能力强。电子辐照可以进入钻石内部约 2mm 的深度，最终得到的辐照钻石的颜色与辐照的能量和所选钻石的颜色及类型有关，电子辐照钻石无放射性残留。

γ 射线，属于高能电磁波，即光子，不带电，质量极小，速度接近光速。γ 射线的波长比 X 射线要短，所以 γ 射线具有比 X 射线还要强的穿透能力，γ 辐射可以贯穿整个钻石，同时产生 GR1 色心，γ 辐射产生的 GR1 色心基本上均匀分布在钻石的内部。虽然 γ 射线的能量高，但形成 GR1 的速度很慢，常需要几个月甚至更长时间。γ 射线辐射产生的颜色饱和度较低，颜色分布均匀。由于致色所需时间长，因此人工辐照很少采用 γ 辐射，而具均匀绿色的天然钻石主要是由天然 γ 射线辐射产生的 GR1

致色。

中子辐照，原子反应堆内发生核裂变时产生大量快中子或回旋加速器产生的高能中子束，轰击钻石时形成 GR1 色心，从而改变钻石的颜色。快中子能量高不带电，因此可以穿过整个钻石，使钻石均匀致色。此外，中子的质量大，除在钻石中产生空穴外，还造成局部晶格损伤。

辐照处理后的钻石可从以下方面来判断。

1. 从颜色外观来辅助判断是人工辐照处理还是天然辐照钻石

人工辐照处理钻石产生的颜色主要有绿色、蓝色或蓝绿色、黑色等，颜色一般饱和度较高，而天然彩色钻石的颜色饱和度较低，通常有其他色

▌天然蓝色钻石，常常带有灰色调。

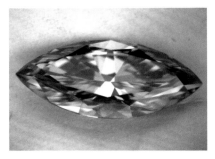

▌人工辐照处理的蓝绿色钻石

▌人工辐照处理的绿蓝色钻石，这种颜色天然中很少见。

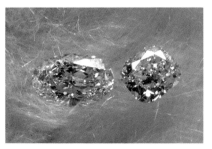

▌人工辐照处理的冰蓝色钻石，颜色虽然较浅，与大部分天然蓝钻相似，但却不具备天然蓝色钻石的深邃、悠远。

调相伴。

由于辐射方向、辐射源、辐射能量以及钻石的琢型不同，人工辐照钻石的颜色会有分布不均匀现象。如底尖蓝色或绿色的饱和度较高；其色带分布位置及形状与琢型形状及辐照方向有关，当从亭部方向对圆形钻石进行轰击时，透过台面可以看到颜色呈伞状围绕底尖分布。辐照处理黑色钻石在强光源照射下，钻石腰围区呈暗绿色。

▍人工辐照钻石的颜色呈伞状围绕亭部分布

2. 其他特征

辐照处理蓝色钻石不具有导电性，含硼天然或合成蓝色钻石是良的半导体。

3. 光谱学特征

（1）紫外可见吸收光谱特征

人工辐照处理蓝色或绿色钻石主要是由 741nm 吸收致色，不管是辐照处理蓝色、绿色还是黑色钻石，在常温下即可检测到明显的 741nm 吸收峰。

（2）红外吸收光谱特征

人工辐照蓝色和蓝绿色钻石在红外区会产生 $1450cm^{-1}$ 吸收，此外在近红外区会有明显的 1076nm 吸收峰。

紫外可见吸收光谱中强的 741nm 和红外光谱中明显的 1450cm⁻¹ 吸收是蓝色或蓝绿色钻石经过人工辐照处理的强有力的证据。

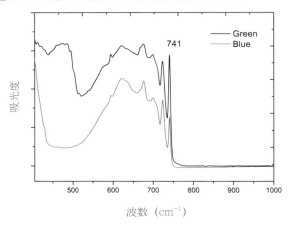

辐照处理绿色和蓝色钻石可见光吸光变图，可见明显741nm吸收。

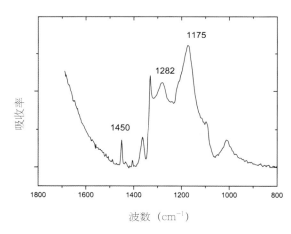

辐照处理IaAB型钻石的红外吸光谱图，可见明显1450cm⁻¹吸收。

辐照热（淬火）处理

不同类型的钻石经辐照处理后再经高温热处理会得到不同的颜色，如黄色、黄绿色、橙色、粉色或红色等。

◆ 人工辐照处理粉色或红色钻石

Ib 型或含有孤氮原子的钻石经辐照处理后，产生空穴，继续加热至 800℃ 左右，空穴和孤氮原子结合形成（N−V）色心，（N−V）色心捕获一个电子则形成（N−V）$^-$色心，没有捕获电子则形成（N−V）^{0}色心，（N−V）^{0}色心产生 575nm 吸收，（N−V）$^-$色心产生 637nm 吸收，二者共同作用使钻石呈粉色或紫红色。

合成钻石经辐照处理后再经过高温处理得到粉橙色（中）和紫红色（右），图（左）为天然钻石经辐照加热处理后得到的淡粉色钻石。这三种颜色在天然钻石中都少见，颜色鲜艳，饱和度高。图（右）紫红色钻石可以看到明显的金属包裹体，而图（中）粉橙色钻石未见明显包裹体。金属包裹体是高温高压合成钻石的一个重要包裹体特征，一般高温高压合成钻石的颜色主要有黄色、蓝色以及无色，因此对于含有金属包裹体的紫红色钻石，肯定是经过辐照加热处理的合成钻石。

对于无金属包裹体的粉色钻石来说，如何来区分是天然钻石经辐照加热处理得到的粉色还是由合成钻石经辐照加热处理得到的粉色呢？又如何区分粉色、紫红色钻石是天然成因还是处理的呢？

人工辐照处理粉色或红色钻石的主要鉴定特征如下。

（1）紫外可见光吸收光谱

辐照热处理 Ib 型粉色或紫红色钻石可见检测到强的 637nm 或 575nm 吸收，这是钻石呈粉色或紫红色的主要原因，有时可见 595nm 吸收。而天然粉色钻石主要是由于 550nm 宽吸收带致色。Ⅱa 型粉钻除有 550nm 吸收外，还可见 390nm 吸收，Ia 型粉色或紫色钻石还可见 415nm 吸收。

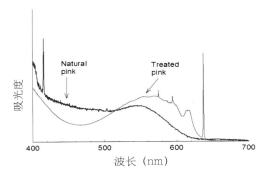

天然粉钻和辐照处理粉/紫钻石的可见吸收光谱图

（2）红外光谱特征

在中红外区，辐照处理 Ib 型钻石可见 1130cm⁻¹、1344cm⁻¹ 吸收峰，明显的 1450cm⁻¹ 吸收，近红外区偶可见极弱的 4930 cm⁻¹ 吸收，偶可见 H2（986nm）吸收。1450cm⁻¹ 和 4930cm⁻¹ 吸收都是钻石经过辐照热处理的证据。对于含孤氮的 Ia 型钻石，经辐照热处理后，同样可见 1450cm⁻¹，4930cm⁻¹，甚至 5170cm⁻¹ 等与辐照热处理有关的峰，偶尔亦可见 986nm 吸收。而天然粉色钻石主要是 Ia 型或是 IIa 型。

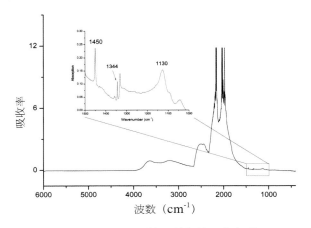

辐照热处理Ib型钻石的红外吸收光谱图

（3）DiamondView 钻石观察仪下的荧光特征

处理粉色或紫色钻石在钻石观察仪下可见橙色或橙红色荧光，合成钻石则具有块状分区（高温高压合成）或平行层状生长纹特征（化学气相沉积法）。天然成因粉色钻石一般为蓝色荧光，具有天然的生长结构特征。

辐照热处理合成钻石在DiamondView钻石观察仪下，可见橙红色荧光并可见明显块状分区。

◆ **辐照热处理黄绿色、黄色、褐橙色钻石**

对 Ia 型（含聚合氮 A 和 B）钻石进行辐照处理后再进行热处理，热处理温度不同得到的颜色也不同，最终得到的颜色有黄绿色、黄色、褐橙色以及褐红色等。天然黄绿色或黄色钻石颜色稍暗，尤其是天然黄绿色钻石，通常会有褐色调。

天然黄绿色钻石

  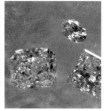 

辐照热处理黄色和黄绿色钻石

辐照处理黄色颜色均匀，无色斑和色带，与天然黄色钻石极其相似，即使是专业人士，肉眼也无法识别。而辐照热处理黄绿色钻石则颜色艳丽、明亮，无褐色调。在紫外荧光灯下，辐照热处理黄绿色钻石具有强的黄绿色荧光，天然黄绿色钻石的荧光则较弱。有些辐照热处理钻石的腰围会刻有英文"irradiated"（辐照）的字样。此外，当辐照强度够强时，经热处理后可能会得到褐色或褐红色钻石。

▌辐照热处理的褐橙色和褐红色钻石，由于辐照时间和温度的原因，颜色变为较为难看的褐橙色或褐红色。

▌辐照热处理钻石腰围区刻有"irradiated"，表明该钻石经辐照处理。

◆ **主要鉴定特征**

辐照热处理 Ia 型钻石主要由 H3、H4 色心致色。当 H3 色心很强时，H3 的荧光峰会使钻石呈黄绿色，在长波或短波紫外荧光灯下可见强的黄绿色荧光。

（1）紫外可见光吸收光谱特征

辐照热处理 Ia 型钻石通常可见强的 H3 (503nm) 吸收。当处理温度低于 1000℃时，可见明显 595nm 吸收。处理温度低于 1400℃时，可以检测到 H4（496nm）吸收。而当温度高于 1400℃时，H4 消失，H3 增强，在近红外区，可以检测到 H2（986nm）吸收。

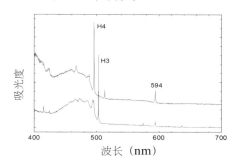

▌辐照热处理Ia型钻石的可见光吸收光谱图

（2）红外吸收光谱特征

对于辐照热处理Ia型钻石，一般在中红外区可检测到H1a(1450cm⁻¹)，近红外区可检测到 H1b（4930cm⁻¹）以及 H1c（5170cm⁻¹）吸收峰。

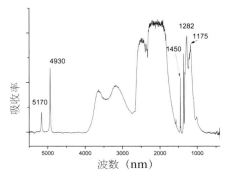

▌辐照热处理IaAB型钻石的红外光谱图

（3）光致发光光谱特征

辐照热处理 Ia 型钻石在光致发光光谱中会有 637nm、612nm、588nm、575nm 等发光峰。会有强 503nm、496nm 发光峰，以及强 986nm 发光峰。

（4）DiamondView 荧光观察仪下特征

荧光特征一般不能作为这类处理钻石的主要鉴定依据，但当钻石被深度辐照时，钻石的荧光有很大的变化，可以作为辅助鉴定依据。

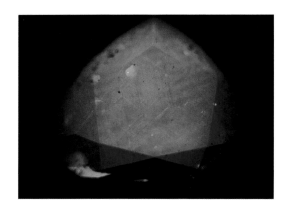

钻石被深度辐照热处理后，颜色变为褐橙色，其荧光为绿色，且仅局限于表面。

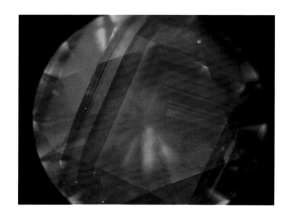

黄色辐照热处理钻石的荧光，一般钻石荧光为蓝色，当辐照热处理后，由于有 H3 色心产生，因此在蓝色荧光之下可见不均匀分布的绿色荧光。

高温高压处理

高温高压处理是指在高温(1400 ～ 2000 ℃或更高)和高压(5.5 ～ 7Gpa)条件下，钻石中的缺陷发生重组变化，进而达到改变钻石颜色的目的。高温高压处理方法可以将Ⅱa型褐色钻石处理成无色或粉色，IaB型钻石处理为无色，将Ⅱb型灰蓝色钻石处理成蓝色，将Ia型钻石处理成黄色、橙黄色、黄绿色或绿黄色，同时高温高压处理还可将深黄色Ib型(合成或天然)钻石处理为黄色或淡黄色。

1999年，美国Nova公司利用高温高压环境将Ia型褐色钻石处理为黄绿色，GE公司在高温高压条件下将Ⅱa型褐色钻石处理为无色近无色钻石。

高温高压处理钻石的颜色稳定，对人体没有任何伤害，不会随环境及温度的变化而变化。

◆ **高温高压处理无色钻石**

高温高压处理可以改变某些特定类型的钻石为无色、粉色及蓝色。据美国珠宝学院（GIA）2000年对GE POL（通用电气）公司的高温高压处理钻石的统计，颜色级别为D ～ E色的钻石约占45%，D ～ G色的钻石约占80%；净度级别为IF ～ VVS1级别的钻石约占60%，IF ～ VS1级别的钻石约占80%；大于1ct的钻石约占70%；异形切割的钻石约占85%。因此，高温高压处理无色钻石多为大ct、高色级、高净度、异形切工钻石。

❘ 处理前与处理后的钻石对比，处理前钻石为褐色，经高温高压处理后颜色变为无色，颜色级别得到了很大的提高。

处理后的无色钻石与天然无色钻石肉眼或显微镜下都无任何差异，因此对于高温高压处理无色钻石来说，仅仅依靠肉眼或是常规的显微镜等鉴定手段是无法实现的。现实中，因为高温高压处理的成本问题，要想通过高温高压处理得到无色钻石，一般都会对处理前的钻石仔细筛选，钻石的类型，钻石的大小，以及钻石的净度级别等都是要考虑的因素。因此，能以商业途径进入市场的经过处理的无色钻石几乎都是高净度、高色级的大 ct 钻石，GE POL 公司通常会在其处理产品的腰围刻有"GE POL"字样，2000 年 GE POL 改用 Bellataire™ 作为其钻石品牌，因此腰围可见"Bellataire"刻字，以告知人们，该钻石经过高温高压处理，而不法商人为了获取最大利润，会清除腰围上刻字，并刻上其他的证书编号，以达到以假乱真，以次充好的目的，最终以天然钻石价格进行销售。

▎图为GE POL公司的HPHT处理无色钻石腰围上的激光刻字，以示该钻石为该公司经处理的无色钻石。

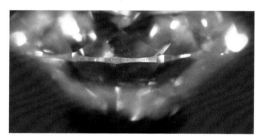

▎为HPHT处理无色钻石腰围上的伪造刻字。

▎腰围区刻有"Bellataire"钻石，表明刻钻石经HPHT处理。

1. 专家经验谈

（1）看色。高温高压处理无色钻石颜色级别较高，通常可达到 D ～ E 色，但颜色过于苍白，不同于天然同色级钻石的颜色特征。

（2）看内部特征。少数 HPHT 处理钻石中可见包体石墨化、羽状纹石墨化、晶体周围应力裂隙以及愈合裂隙等特征。

（3）看腰围。看腰围刻字有没有异常以及是否有表明其来源的信息。

（4）当然，最重要的还是要去权威实验室去做专业的鉴定。

2. 主要鉴定特征

（1）紫外可见吸收光谱特征

IIa 型钻石一般都会含有红外光谱难以检测到的聚合氮，高温下，聚合氮会分解为孤氮，微量的孤氮会产生 270nm 吸收宽带，孤氮含量越高，270nm 吸收越明显，颜色色级越低，反之，孤氮含量越低，270nm 吸收越弱，颜色级别越高，因此 D 或 E 色的高温高压处理钻石通常难以看到 270nm 吸收。

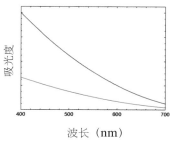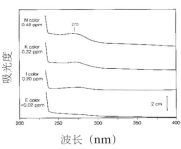

图左为HPHT处理前后可见光吸收光谱的变化，图右显示270nm吸收强弱与颜色的别收关系。

（2）红外光谱特征

有些高温高压处理 IIa 型钻石可检测到弱的孤氮吸收峰（1130cm^{-1} 和 1344cm^{-1}），天然未处理 IIa 型钻石的红外光谱中很少检测到孤氮吸收。

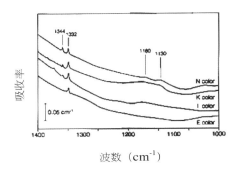

红外吸收光谱中的1344cm^{-1}吸收，随着颜色色级的减低，越来越明显

（3）光致发光光谱（Photoluminescence，简称PL）特征

区分天然未处理和处理Ⅱa型无色钻石最重要的方法是光致发光光谱特征。不同的激光器可以提供不同的信息，通常可以通过514nm或532nm激光器激发下的发光特征来区分。

高温高压处理可以使一些高温不稳定的色心或发光中心消失。

高温高压处理使637nm发光峰的半峰宽（FWHM）变大，未处理钻石637nm的半峰宽一般小于11cm^{-1}，高温高压处理钻石637nm的半峰宽一般大于13cm^{-1}。

高温高压处理Ⅱa型钻石的575nm发光峰的强度一般会弱于637nm发光峰。

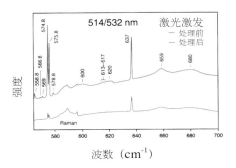

HPHT处理无色钻石的光致发光光谱处理前后的变化，处理后光谱变得很干净，仅可见637nm发光峰。

◆ **高温高压处理Ⅰa型黄色、黄绿色钻石**

在不同的温度压力下，高温高压可将Ⅰa型钻石颜色由褐色或灰黄色改变为黄绿色或黄色。

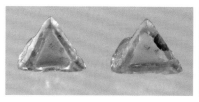 

▌Ⅰa型褐色钻石经HPHT处理　　▌Ⅰa型褐色钻石经HPHT处理
后颜色变为黄绿色。　　　　　　　后变为黄色。

▌左上为高温高压处理绿色钻石，右上为高温高压处理绿黄色钻石，下图为高温高压处理黄色钻石。

1. 专家经验谈

（1）辨色，对于HPHT处理黄绿色钻石，由于绿色荧光强，所以整体呈黄绿色，颜色分布不均匀，明显可见黄绿色沿原褐色色带分布。由于极强黄绿色荧光的影响，导致颜色鲜艳，而天然黄绿色钻石，虽然也有荧光，但荧光的强度较弱，因此颜色柔和，常带有褐色调。

HPHT处理黄色钻石颜色与天然黄色钻石极其相似，因此很难从颜色上得到警示。

（2）看包裹体。高温下，钻石内部的包裹体容易发生石墨化，因此在放大镜或显微镜下可以观察到包裹体石墨化及羽状纹石墨化现象，还可见明显的内部纹理。

▌HPHT处理钻石包裹体石墨化现象

▌HPHT处理钻石羽状纹石墨化现象

（3）看荧光。高温高压处理黄绿色钻石在长波紫外灯下具有极强的黄绿色荧光，且长波强于短波，长短波下均强于天然黄绿色钻石。

（4）最重要的还是要到权威实验室去做专业的鉴定。

2. 主要鉴定特征

（1）红外吸收光谱特征

高温高压环境会使钻石的片晶峰（platelet）变弱变宽，3107cm^{-1}和4166cm^{-1}等与氢有关的吸收峰变弱，A 型氮和 B 型氮的相对含量会发生变化。有些高温高压处理黄绿色钻石可见 1480cm^{-1}吸收宽峰，而高温高压处理黄色钻石可见弱 1344cm^{-1}吸收。

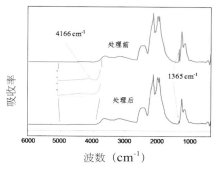
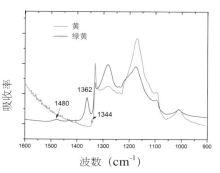

Ia型褐色钻石经HPHT处理后红外光谱的变化，左图可见1365cm⁻¹吸收峰明显减弱，4166cm⁻¹吸收峰减弱甚至消失。

HPHT处理黄绿色和黄色钻石的红外吸收光谱图，可见1480cm⁻¹和1344cm⁻¹吸收。

（2）紫外可见光吸收光谱特征

高温高压处理黄绿色钻石可见 415 nm（N3）吸收线，强 503 nm（H3）吸收峰，550nm 宽吸收带以及明显的 H2（986nm）吸收，有时可见 637nm 吸收。高温高压处理黄色钻石同时具有 415nm 吸收和 Ib 型孤氮特征吸收。

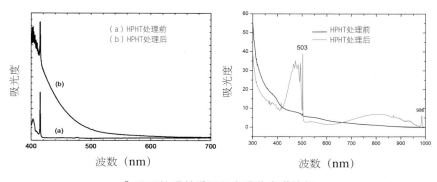

HPHT处理前后可见光吸收光谱特征

（3）拉曼光致发光光谱

高温高压处理黄绿色钻石的光致发光光谱有 503nm、535nm、575nm、637nm 等高温稳定缺陷色心，而一些高温不稳定缺陷会消失。通常黄绿色高温高压处理钻石中 637nm 发光峰会强于 575nm 发光峰。

◆ **多过程处理**

多过程处理是将高温高压处理与辐照热处理过程结合起来的处理方法。首先，在极高的温度压力下使钻石中的聚合氮发生分解，产生孤氮原子，然后再经过辐照处理产生空穴，最后经过淬火处理，孤氮与空穴结合形成新的致色色心，即（N－V）色心，使钻石呈粉色、粉紫色或粉橙色。下图钻石就是一颗天然含氮量极少的钻石，经过上述处理过程，最后呈现出漂亮的淡粉色，由于钻石中氮含量极少，因此钻石的颜色较浅，当钻石中氮含量较多时，钻石会呈现深粉色。

1. 专家经验谈

（1）高温处理钻石过程中，矿物包裹体周围常伴随有盘状裂隙，包裹体或羽状纹石墨化，亭部可见色带，颜色分布不均匀。

（2）长波、短波或超短波紫外灯下，可观察到橙红色或红色荧光。

（3）当然，还是建议到权威实验室去鉴定。

| 多过程处理粉紫色钻石0.11ct

| 亭口可见紫色色带

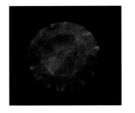
| 在DiamondView下呈橙红色荧光

2. 主要鉴定特征

（1）红外吸收光谱特征

多过程处理钻石可以是 Ia 型，也可以是含极少量聚合氮的 IIa 型，由于钻石先经历高温高压处理，将聚合氮分解为孤氮，因此红外光谱中可见 1175cm^{-1} 和 1344cm^{-1} 同时出现，由于钻石之后又经历辐照热处理，因此还可检测到明显的 1450 cm^{-1}（H1a）吸收，弱 4930cm^{-1} 和 5170 cm^{-1} 吸收以及明显的 6170cm^{-1} 吸收，近红外区可见弱 986nm 和 1077nm 吸收。

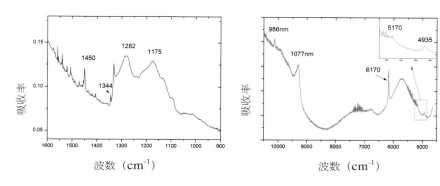

多过程处理钻石中红外和近外吸收光谱图

（2）紫外可见吸收光谱特征

在紫外可见吸收光谱中，650nm 至 450nm 之间有宽的吸收包络峰，该区域中可见明显的 741nm、637nm、575nm、595nm 等吸收峰，在 IaAB 型钻石中可见弱的 415nm 吸收峰，还可见弱的 986nm 吸收峰。741nm 吸收峰的存在说明辐照热处理的温度不高。

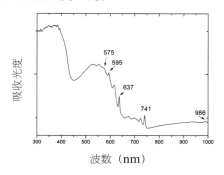

多过程处理钻石的紫外可见吸收光谱图

（3）光致发光光谱特征

低温拉曼光致发光光谱中，可见 741nm、637nm、622nm、601nm、575nm、512nm、503nm 等发光线。

总之，对于多过程处理，首先要有高温高压处理产生孤氮的证据，即有 1344cm⁻¹ 吸收峰，其次要有辐照热处理的证据，如 1450cm⁻¹、4940cm⁻¹ 或 5170cm⁻¹ 以及 637nm、595nm、575nm 等吸收峰。

钻石的净度处理

钻石的净度处理包括充填处理和激光钻孔处理。

充填处理钻石

　　裂隙（国家标准中称之为羽状纹——顾名思义，即裂隙的形状像羽毛一样）是钻石最常见的瑕疵之一，它既可以是钻石在形成过程中或钻石由地球内部被搬运至地表的过程中产生，亦可以是后期切磨或其他人为原因造成，无疑裂隙直接影响钻石的净度。20 世纪 80 年代早期，以色列专家 Yehuda 发明一种新的改善净度的方法，即在开放裂隙中充入玻璃质透明物质，以降低裂隙的可见性，这种方法也称之为 Yehuda 充填钻石。裂隙充填钻石从此进入人们的视线，并引起大家的注意。

继 Yehuda 之后，Koss 进一步发展了这种充填处理技术，在 1991 年还研究出了 Koss 法充填彩色钻石。

截至目前，世界各地宝石鉴定机构均检测到充填钻石，大小从几十分到一克拉以上。随着我国钻石市场的繁荣，市场上出现的钻石品种也逐渐丰富化，各种处理钻石以及合成钻石蜂拥而至，其中不乏充填处理钻石。因此，了解和掌握充填处理钻石的特征，对于珠宝商、消费者十分必要。

▎充填处理黄色钻石

▎充填裂隙处的紫色和绿色闪光

◆ 充填处理的目的

以高折射率的玻璃（一般是含铅玻璃）充入钻石的开放裂隙中，由于充填物折射率较高，几乎接近钻石的折射率，因此可以很好地掩盖裂隙的可见性，进而达到改善钻石净度的目的，最终达到提高钻石的价格的目的。目前，技术成熟的实验室都可以鉴别充填处理钻石，在我国，根据国标规定，充填处理钻石不给予出具钻石分级证书。

充填处理的结果有的可以明显提高净度，但并不是所有的裂隙充填后都能有净度上的明显改善。

▌充填处理钻石，充填后钻石的净度没有明显改善，净度级别依然是P。

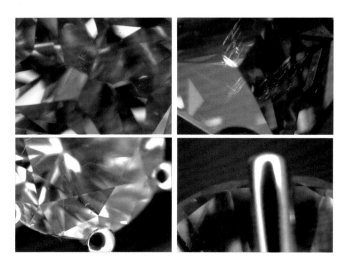

▌图左均为从台面观察，裂隙不明显，图右为从亭部观察，可见非常明显的闪光现象。

　　有时充填处理钻石从台面看裂隙不太明显，当从亭部观察则可见非常明显的闪光现象。

　　充填裂隙特征之一，裂隙变得似有似无，可见度明显降低，而未充填裂隙由于空气和钻石的折射率差别大，因此裂隙透明并清晰可见。

▌表面若隐若现的裂隙，裂隙不透明。

　　须状腰充填之后，可见度降低，这种充填极难观察。

◆ 充填方法

　　Yehuda 充填方法是，首先清洗钻石，其次在真空条件（充填物更容易进入裂隙），以及 400℃左右的温度下，裂隙中充入高铅玻璃质物质，然后冷却，最后再清洗去除表面残留的玻璃质充填物。

◆ 充填处理的鉴别特征

　　1.闪光效应

　　充填钻石最为明显的特征为充填裂隙处可见明显的闪光效应，产生闪光的原因并不是由于薄膜干涉效应，而是由于充填物和钻石的色散值存在差异而导致，因此充填物色散值不同，照射光源不同可以看到不同的闪光色。大部分充填裂隙在暗域照明条件下呈现特征的黄橙色、紫色、紫红色和粉红色闪光，在亮域照明条件下呈现蓝色、蓝绿色、绿色和黄色闪光，它们基本是暗域照明条件下的互补色。有些充填钻石闪光效应很强，肉眼就可以看见。而有些闪光效应较微弱，须借助纤维光源才可观察到。经验表明，明暗两种照明条件下，闪光效应的强度是一致的。

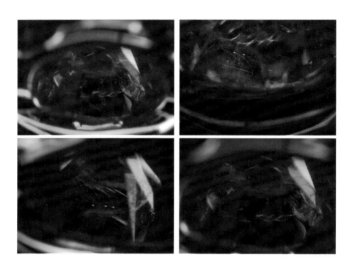

▌暗域照明条件下，充填裂隙的闪光颜色——紫色、紫红色、橙黄色。

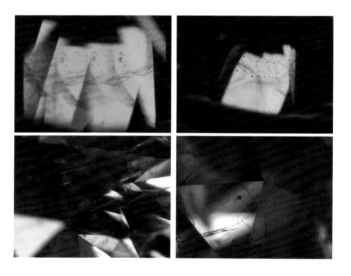

▌亮域照明条件下，充填裂隙的闪光颜色——蓝色、绿蓝色、绿色。

　　有时充填裂隙的闪光会在钻石中形成反射影像，因此在找到充填裂隙前就可以间接观察到闪光色的影像，这时你看到的闪光位置一般不是充填裂隙所在位置，因此需要找到真正裂隙所在，并仔细观察其闪光颜色及裂隙特征，这是显微镜下鉴定钻石时值得引起注意的现象。

▌台面可见闪光隐隐约约的影像　　　　　　▌观察角度不同，闪光颜色不同。

　　一般平行于充填裂隙方向观察最明显，随着观察角度的改变，闪光颜色也会由橙色变为蓝绿色，然后再变为橙色。即使在低倍放大镜下，有些闪光也可以清晰地看到。

　　垂直裂隙延伸方向观察时，闪光现象不明显，仅在部分区域隐约可见，但改变观察角度至近平行于裂隙方向时，可以清楚地看到蓝紫色闪光。

▌左图为平行裂隙观察时，可见明显的裂隙闪光；右图为近乎垂直时观察，闪光几乎不可见。

　　天然裂隙中存在与闪光效应相类似的现象。钻石形成后，裂隙中进入铁质外来物质时，裂隙因铁锈而呈橙黄色。

▌裂隙中为钻石形成后期进入钻石内部的橙黄色物质，有别于充填裂隙的颜色，裂隙的可见度高。

　　一些未充填钻石的裂隙也可出现十分类似于闪光效应的"薄膜干涉色"，所不同的是引起干涉的薄膜不是充填物，而是裂隙中的空气或水汽。但空气薄膜干涉色在暗域照明条件下，常为多种颜色组成的彩虹色。在亮域照明条件下，薄膜干涉色没有相应的补色。而充填处理裂隙一般不可见彩虹色闪光。区别薄膜干涉色与闪光效应的另一个方法是观测角度，未充填裂隙的薄膜干涉色一般在垂直于裂隙面的方向最明显，而充填钻石的闪光效应则常在平行于裂隙的方向观察较明显。

▌天然裂隙中的彩虹色，不同于充填裂隙的闪光，为光谱色。

充填裂隙中偶尔存在闪光效应较难观察的现象，在褐橙色或橙黄色钻石中，由于体色的缘故，一般很难观察到橙黄色闪光，但仍可见蓝绿色或蓝紫色闪光。

裂隙很小时，如须状腰，这时闪光很不明显，不易观察。

▌黄色钻石的充填裂隙，裂隙闪光会被体色掩盖。

2. 其他鉴定特征

（1）充填裂隙的流动构造，一般充填物在真空状态下以熔融态高温下充入裂隙，有的充填裂隙会有玻璃质物质流入裂隙的感觉。但这种特征很微弱，一般要在强光照明条件下才可看到。

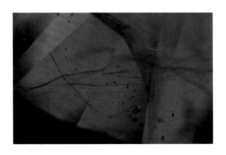

▌亭部亮域充填裂隙流动构造

（2）气泡

钻石裂隙内部常见残留气泡，玻璃充填物中也常见气泡，但气泡一般较小，可能会成群呈现，形成类似指纹状特征。

（3）炸裂纹结构（网状结构）

偶尔可见，这种现象一般见于充填物较厚的裂隙中，充填物部分结晶或快速降温导致充填物急剧凝结。

▌较厚的充填物

（4）充填物本身的颜色

同样在充填物较厚时，充填物老化后，充填物常呈褐黄色。

此外还可见充填物表面残留，不完全充填等特征。

▌可见充填物残余

3.其他测试方法

（1）成分测试

一般充填物为铅玻璃，因此成分测试可以测到铅元素。天然钻石中也有含铅矿物，但是极其少见。

（2）荧光反应

在 DiamondView 下观察，充填处理裂隙荧光与主体钻石不同。

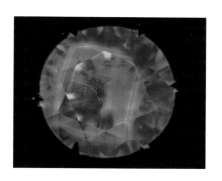

▎充填处理裂隙荧光与主体钻石不同

◆ **充填钻石的稳定性**

　　充填物相对来说稳定性较高，一般超声清洗以及镶嵌工艺之后对钻石的清洗等流程对充填物无影响；高温含洗涤剂水溶液中煮沸亦不会对充填物造成影响；抛光过程以及超低温（液氮）环境对之无影响；但酸煮对充填物有影响；镶嵌过程的操作对充填物无影响。

　　有时充填处理可能伴随有其他处理方法，如激光钻孔、覆膜处理等。激光钻孔中充入充填物，可见微弱闪光。

▎激光钻孔和充填处理同时存在于一颗钻石中

覆膜处理钻石中的裂隙中可见充填物引起的闪光。

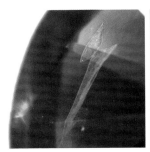

▍覆膜和充填处理钻石

钻石的净度级别是评价钻石的主要因素之一，充填钻石掩盖了钻石的真实净度级别，但随着时间的推移，充填物会老化，因此会影响钻石的颜色级别，这也是为什么多数检测机构以及国标中规定不允许给充填处理钻石分级的原因。

激光钻孔处理

激光钻孔处理也属于净度处理的一种，有传统的激光钻孔处理和新型的"内部激光处理"。激光处理的目的是通过去除钻石中的深色包裹体，以改善钻石的净度，但同时产生新的包裹体特征——激光孔道，因此对钻石净度级别的提高有限。

◆ 传统的激光钻孔处理

传统的外部激光打孔处理技术在 20 世纪 60 年代引入。当钻石中含有固态包裹体，特别是含有色或黑色包裹体时，会大大影响钻石的净度。根据钻石的可燃烧性，可以利用激光技术在高温下对钻石进行激光打孔，然后用化学药品沿孔道灌入，将钻石中的有色包裹体溶解清除，并充填玻璃或其他无色透明的物质。激光打孔处理的钻石，会在钻石表面留下永久性的激光孔眼，且充填物质硬度与钻石不同，因此在钻石表面会形成难以观察到的凹坑，但对有经验的钻石鉴定专家来说，只要仔细观察钻石的表面，鉴别它并非很困难的事情。

▌钻石的激光孔（三个箭头分别指向激光孔在钻石表面留下的圆形孔眼；激光孔道；要清除的有色包裹体）。

　　近年来，该技术已取得重大进展，一是激光孔直径小，二是激光孔径常垂直于台面，而且激光孔径很短，只有转动钻石才能从侧面观察到激光孔径。

　　激光钻孔与天然的蚀刻痕的区别：

　　激光孔通常为圆形，而天然蚀刻痕在钻石表面的出口通常是方形或六边形等。激光痕通常比较直，而蚀刻痕通常会有所弯曲。

▌出露于表面的圆形激光孔

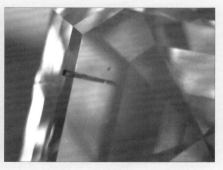

▌钻石表面的天然蚀刻痕留下的六边形孔洞。

要鉴别激光钻孔处理，首先，寻找激光孔孔眼，孔眼通常为圆形，其次找孔道，孔道直，且常垂直于台面或钻石刻面，观察方向不同，孔道颜色不同。

激光孔、孔道的形状及颜色

观察时与孔道呈一定角度比较易于观察。

激光钻孔处理，由于不会对钻石的颜色造成影响，因此可以进行钻石分级。

与孔道呈一定角度观察，很容易看到激光。

◆ "KM"激光处理

KM 处理方法在 2000 年引入，KM 是希伯来语 Kiduah Meyuhad 首字母简写，意为"特殊的钻孔"。由一束或多束激光聚焦于浅表面的深色或黑色包裹体上，激光能量使钻石包裹体膨胀或溶解，产生的应力裂隙延伸至钻石表面，再用强酸通过裂隙注入钻石内部，进而达到漂白或溶解钻石的目的。由于未在钻石表面留下激光孔洞，因此该法又称为"内部激光处理"法。

KM激光处理的特征。

（1）表面无圆形激光孔；

（2）通道常位于裂隙的中间，较之于传统的激光钻孔通道，更为细小，且不规则；

（3）激光聚焦的包裹体被酸漂白后会发生很大变化，不再是原来的深色或黑色；

（4）形状多为阶梯状、不规则状或蠕虫状。

孔道不规则的KM激光处理钻石

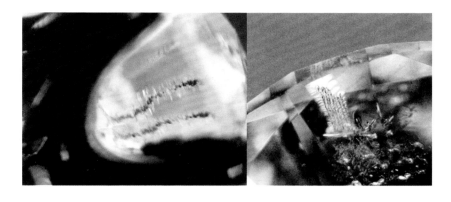

KM处理钻石内连续裂隙中零星分布有残留黑色内含物

图片由佐卡伊珠宝提供

Chapter 5

钻石的合成

合成钻石的探索可以追溯到 20 世纪，但是直到 20 世纪 50 年代，才真正成功合成出钻石，此后随着科学技术的进步，合成技术也越来越成熟，尤其是进入 21 世纪，钻石的合成技术有了很大的进展，到 2010 年之后，合成技术的进展更是有了质的飞跃，无论是高温高压法还是 CVD 法，都可以合成出大量高品质的宝石级钻石。

合成钻石是在实验室人工合成，具有与天然钻石基本相同的物理性质、化学成分和晶体结构。目前合成宝石级单晶钻石的方法主要有高温高压合成法（HPHT 合成法）和化学气相沉积法（CVD 法）。

高温高压合成法（简称HPHT）合成钻石

高温高压合成钻石的发展史

1953 年人工合成钻石首次在瑞士 ASEA 公司试制获得成功，随后 1954 年美国通用公司合成钻石成功。1970 年美国 GE 公司首次合成出宝石级钻石，但其颜色呈黄色，1988 年英国戴比尔斯公司人工合成了重达 14ct 的浅黄色、透明宝石级金刚石八面体歪晶。在此之后的多年里，高温高压合成的宝石级钻石一直主要是彩色钻石，有黄色、粉色、紫红色等，而大颗粒的无色近无色钻石是处于技术突破阶段，即使可以合成出宝石级的无色近无色钻石，也主要是用于研究目的。自 2013 年开始，高温高压合成技术有了很大的突破，不少合成钻石公司可以利用新的技术以及新的触媒配方合成出大的无色近无色钻石，AOTC 公司、俄罗斯的 NDT 公司等相继宣布合成出大的宝石级高质量的无色近无色钻石，中国国内也有很多公司具有合成宝石级钻石的能力。2015 年年初，俄罗斯 NDT 公司合成出原石 32.26ct，切磨后达 10.02ct，净度 VS、颜色 I 色的宝石级钻石，同年，NDT 公司宣布可以合成出 60ct 的钻石原石。至此，高温高压合成钻石技术进入了一个全新的领域。

◤ 高温高压合成钻石的原理

高温高压合成法又称为种晶触媒法。石墨是低压稳定相，金刚石（钻石的矿物学名称）是高压稳定相。由石墨直接向金刚石转变所需的压力和

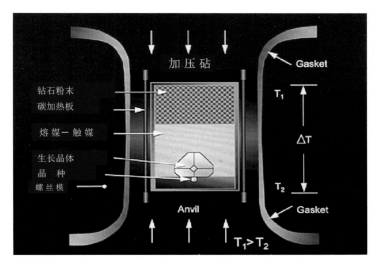

▌高温高压合成钻石示意图

温度条件都很高，一般需要 10GPa、3000℃以上的压力和温度。如果在有金属触媒参与的条件下（如 Fe、Ni、Mn、Co 等以及它们的合金），石墨相变为金刚石所需要的温压条件将大为降低，温度降低至 1300 ~ 1600℃，压力降低至 5GPa ~ 6GPa，所以目前高温高压法合成钻石都有金属触媒参与。作为溶剂的金属触媒处于碳源（一般为石墨）与碳源籽晶之间。碳源处于高温端，籽晶处于低温端，由于高温端的碳源的溶解度大于低温端的溶解度，由温度差所产生的溶解度差则成为碳源由高温端向低温端扩散的驱动力，碳源在籽晶处逐渐析出，金刚石晶体渐渐长大。由于晶体生长的驱动力是由温度差所致，因此也将该方法称为温度差法。

目前世界上流行的高温高压合成钻石的设备主要有两面顶（belt，主要在欧美国家流行）、六面顶（我国特有，NDT 公司）和分割球（bars split sphere，俄罗斯）或改良的分割球（Gemesis 公司）、弓形顶（Toroid press，独联体国家，AOTC 公司及 NDT 公司）。

合成蓝色 IIb 型和无色 IIa 型钻石都需要在触媒中加入去氮剂，去氮剂通常是与氮元素有极强亲和力的元素，如铝（Al）、钛（Ti）、锆（Zr）、铪（Hf）等，这些元素与氮结合形成氮化合物，可以阻碍氮进入钻石晶格，从而可形成不含氮的钻石。

目前为止，报道的最大的刻面无色HPHT合成钻石（10.02ct，VS1），由俄罗斯新钻石技术公司（NDT）合成。

高温高压合成钻石的基本特征

HPHT 合成钻石其主要物理、化学性质与天然钻石类似，其主要区别如下。

◆ **晶形及晶面特征**

合成钻石的晶形多为八面体 {111} 与立方体 {100} 的聚形，晶形完整。晶面上常出现不同于天然钻石表面特征的树枝状、蕨叶状、阶梯状等图案。由于在合成钻石中形成多种生长区，不同生长区中所含氮和其他杂质含量不同，会导致折射率的轻微变化。

国内某公司合成的大颗粒无色合成钻石

◆ **颜色**

常为黄色、黄褐色，如果加入硼元素，可以合成出蓝色钻石，如加入去氮剂，可以得到浅黄甚至近无色钻石。由于不同生长区吸附氮的能力不同，因此颜色会呈分区现象，在高温下，氮优先进入 {111} 面，其次是 {100} 面；在低温状态下，氮在 {100} 面的含量要高于 {111} 面，{113} 面氮含量较低，{110} 面更低。硼元素优先进入 {111} 面，其次是 {110} 面，其他晶面含量很低。

◆ **内部特征**

　　HPHT 合成钻石内常可见到细小的铁或镍铁合金触媒金属包裹体，这些包裹体呈长圆形、角状、棒状、平行晶棱或沿内部生长区分界线定向排列，或呈十分细小的微粒状散布于整个晶体中，在反光条件下这些金属包裹体可见金属光泽，因此部分合成钻石可具有磁性。另可见不规则状的颜色分带、沙漏形色带等现象。

▌合成钻石中的角状、棒状金属包裹体

▌合成钻石中的生长纹与合成的晶体形态有关

在正交偏光下观察，天然钻石常具由弱到强的异常双折射，干涉色颜色多样，多种干涉色聚集形成镶嵌图案。而 HPHT 合成钻石异常双折射很弱，干涉色变化不明显。

▐ HPHT合成钻石的异常双折射，仅在点状包裹体周围可看见由于晶格形变而产生的异常双折射。

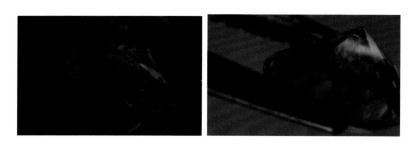

▐ 天然钻石的异常双折射，呈格子状（或榻榻米状）。

◆ **紫外荧光特征**

　　HPHT 合成黄色钻石在长波紫外光下常呈惰性，短波紫外光下为无至中的淡黄色、橙黄色、绿黄色荧光，可见局部有磷光；HPHT 合成蓝色及无色钻石长波及短波下具蓝白或蓝绿色荧光，短波强于长波，多具磷光。

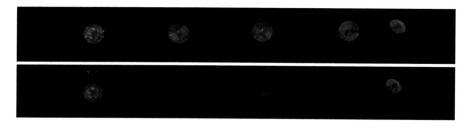

▐ 合成无色及蓝色钻石短波紫外灯下的荧光及磷光

合成钻石在超短波紫外线（DiamondView）下可见明显的分区现象，由于杂质元素在不同生长区的含量不同，因此不同生长区荧光颜色不同。

对于黄色、黄褐色合成钻石来说，一般立方体生长区为黄绿色荧光，八面体生长区一般不发光，菱形十二面体生长区位于相邻八面体与立方体生长区之间，一般发蓝色荧光。

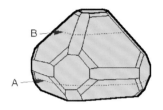

理想的合成钻石晶体示意图

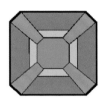

从横截面B观察看到的合成钻石在DiamondView下的发光特征。

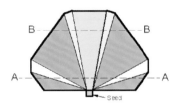

纵切面示意图，褐黄色意味着 氮含量较高

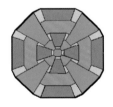

从横截面A观察看到的合成钻石在DiamondView下的发光特征。

▌合成钻石台面切磨位置不同，台面可见的荧光分区特征理想图。

▌HPHT黄色合成钻石在DiamondView荧光观察仪下的荧光分区图

对于 HPHT 合成蓝色钻石来说，由于硼元素（B）优选进入 {111} 面，其次是 {110} 面，因此八面体 {111} 和菱形十二面体 {110} 面生长区的荧光为蓝绿色，而立方体 {100} 面生长区的颜色较暗。

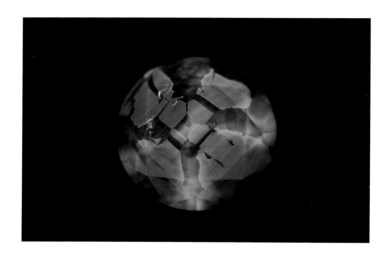

▌HPHT合成蓝色钻石在DiamondView荧光观察仪下的荧光分层图

此外，不同颜色，不同方法的 HPHT 合成钻石以及切磨方向和不同观察方向的不同，在 DiamondView 下观察到的荧光图像也不同。由于 DiamondView 下荧光图像是区分合成与天然钻石的主要证据，因此，下面将举不同的例子来说明。

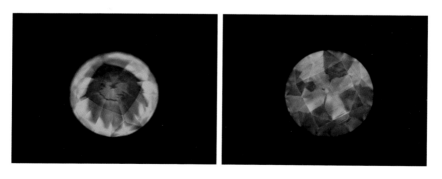

▌同一粒蓝色钻石从台面（右）和亭部（左）观察的荧光图像

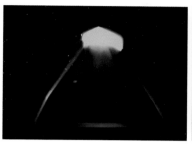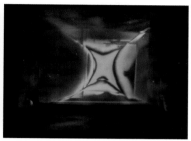

▎同一粒黄色HPHT合成钻石的亭部（左）和台面（右）荧光分区图

▎同一粒无色HPHT合成钻石的亭部（左）和台面（右）荧光分区图

　　以上钻石切磨时定向比较好，钻石的台面方向与{100}方向平行或几乎平行，当钻石台面方向与{100}方向有一定交角时，台面荧光图像不是标准的从 A 或 B 横截面所观察到的分区图像。

▎黄色HPHT合成钻石台面方向与{100}方向呈小角度相交时的DiamondView荧光图像

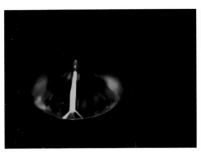

■ 黄色HPHT合成钻石台面方向与{100}方向呈大角度相交时的DiamondView荧光图像

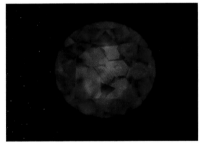
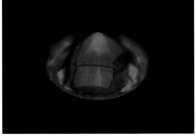

■ 辐照热处理粉紫色HPHT合成钻石的DiamondView荧光图像，台面方向与{100}呈一定角度相交，橙红色荧光主要是由于辐照热处理产生大量的（N-V）色心。

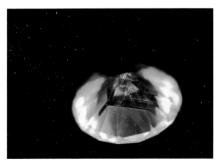
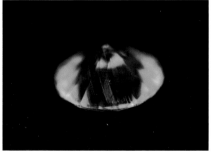

■ HPHT合成黄色钻石经历后期高温高压处理后，产生应变，因此产生天然钻石中类似的双向滑移线。

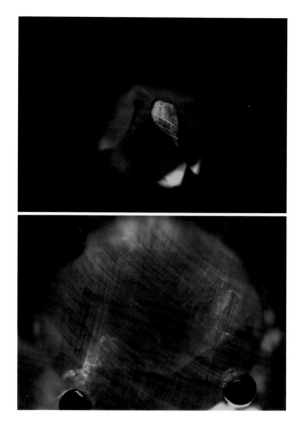

▌天然钻石中的分区以及双向滑移线

　　HPHT 合成钻石如果经过后期 HPHT 处理，可以出现与天然钻石类似的滑移带，但仍然可见明显的分区现象。上页下图为 HPHT 处理 HPHT 合成 Ib 型钻石，上页下图（左）可见底尖附近双向的滑移带，上页下图（右）为从亭部的另一方向观察，可见明显的两个方向滑移交叉线，显然，在这个方向未观察到明显的分区现象。上图为天然 Ib 型钻石典型的双向、细且密的滑移线，上图与上页下左图极为相似，同样可以看到底尖附近的双向交叉滑移线。

　　有些天然钻石也有分区现象，但不同生长区的微量元素的品种与含量均与合成钻石有着本质的区别，因此荧光图像也完全不同。

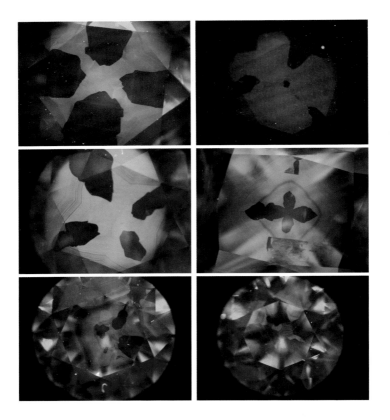

▌天然钻石中的分区现象，图中颜色相对暗色部分为八面体生长区。

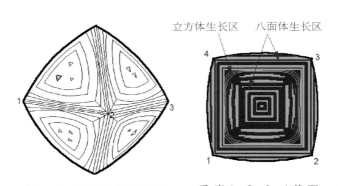

天然八面体生长为主的钻石原石

垂直1－2－3－4截面，在 DiamondView下观察时的图像

▌左图为天然八面体钻石晶体，右图为沿1－2－3－4的截面图。四边形环带是八面体 生长区，而四边形的角顶则为立方体生长区。

◆ **紫外可见光吸收光谱特征**

　　HPHT 合成黄色钻石主要含孤氮原子，由孤氮致色，以 550nm 以下吸收逐渐增强为特征；含硼的 Ⅱb 型 HPHT 合成钻石主要是硼致色，红区至近红外区吸收逐渐增强；HPHT 合成无色近无色钻石，在可见光区无明显吸收，但由于仍含有少量的孤氮原子，因此紫外区可见 270nm 吸收宽带。

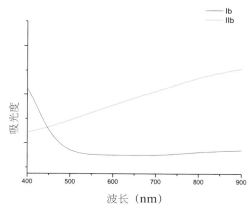

▌Ib型和Ⅱb型合成钻石的紫外可见光吸收光谱图

　　HPHT 合成黄色钻石缺失 415nm 吸收，当经历高温高压处理后，由于孤氮聚合形成聚合氮，因此颜色变浅，且可检测到 415nm 吸收峰，同时孤氮吸收仍存在。

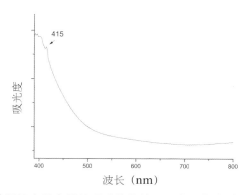

▌HPHT合成黄色钻石经高温高压处理后的紫外可见光吸收光谱图，可见明显但比较弱的415nm吸收。

◆ 红外光谱特征

含氮 HPHT 合成钻石为 Ib 型，红外吸收光谱中可见 1130cm⁻¹ 的宽吸收带以及 1344cm⁻¹ 吸收线，不含与氢相关的吸收（如 1405cm⁻¹、3107cm⁻¹、4496cm⁻¹ 等）。

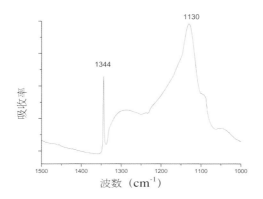

▌HPHT合成黄色钻石的红外吸收光谱图，明显的1130cm⁻¹宽吸收带和1344cm⁻¹吸收线是Ib型钻石的特征吸收峰。

含硼 HPHT 合成钻石为 Ⅱb 型，硼含量少时，可见 2450cm⁻¹、2800cm⁻¹、4090cm⁻¹ 等与硼相关的吸收，硼含量高时，钻石颜色呈深蓝色，可见强的 1290cm⁻¹ 吸收。

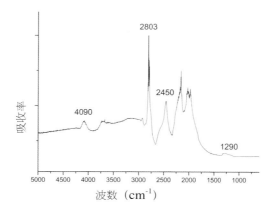

▌Ⅱb型HPHT合成钻石的红外吸收光谱图

无色高温高压合成钻石一般不含氮或含极少量的氮，含有少量或极少量的硼，因此可以是 IIa 型、IIa+IIb 型或 IIb+Ib 型。

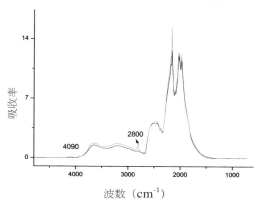

▌IIa型或IIa+IIb型HPHT无色合成钻石的红外光谱图

下图为HPHT处理HPHT合成黄色钻石的红外光谱图，黑色为IaA型，红色为IaAB型，可见明显的1365cm⁻¹片晶峰，以及弱的1344cm⁻¹吸收峰，这也是钻石在经历HPHT处理氮发生聚合后，钻石仍呈黄色的原因，此外还可见弱的氢的吸收峰（3107 cm⁻¹）。目前的HPHT处理还不能完全将孤氮聚合为聚合氮，但可降低孤氮的含量，达到使钻石的黄色变浅的目的。

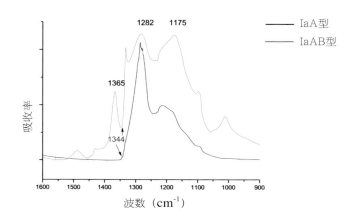

▌Ib型合成钻石经历高温高压处理后，得到IaA型或IaAB型钻石，但仍可见弱的1344cm⁻¹吸收。

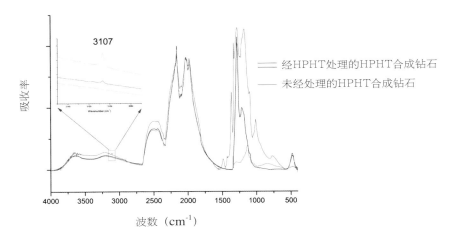

图注：经HPHT处理的HPHT合成钻石

未经处理的HPHT合成钻石

波数（cm⁻¹）

吸收率

3107

▌HPHT合成钻石经HPHT处理后红外吸收峰的变化

◆ 拉曼光致发光特征

　　黄色或黄褐色钻石可以检测到与氮、镍和钴有关的发光线，氮相关的发光峰有 575nm 和 637nm，与钴相关的发光峰有 566nm，与镍相关的发光峰有 883nm、884nm 双峰、753nm、747nm、727nm、484nm 等，触媒不同，光致发光光谱特征亦不同。

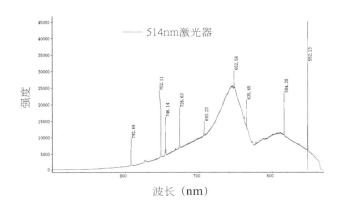

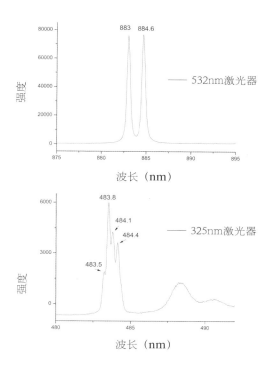

HPHT合成钻石的光致发光光谱特征图

◆ **其他特征**

含金属包裹体的合成钻石具磁性，可以被磁铁吸引。化学成分测试可检测到微量的 **Fe**、**Co** 和 **Ni** 等元素。含硼合成钻石具导电性，是电的良导体。

不同颜色的HPHT合成钻石均可能含有明显的金属包裹体，足可以被磁铁所吸引。

化学气相沉积法合成钻石

化学气相沉积法合成钻石的历史进展

化学气相沉积法合成钻石（简称 CVD 合成钻石）最早出现于 1952 年，俄罗斯于 1956 年开始研究在低压下利用 CVD 技术合成钻石，生长速度有所提高，并且可以在其他非钻石的物质上生长钻石。20 世纪 80 年代初，日本在 CVD 合成技术上取得了很大的成功，大大提高了合成钻石的生长速度，可达 1 μ m/h，该项技术引起了全世界对 CVD 合成钻石技术的关注。

20 世纪 80 年代末，De Beer's 元素六 (Element Six) 公司开始进军 CVD 合成钻石领域，并且很快成为该领域技术的领军者。但直至 20 世纪 90 年代，CVD 法仍主要用于合成钻石薄膜，应用于各种工业、医疗械具等领域。

CVD 合成技术在宝石学方面的应用，最初主要是在天然钻石表面生长一层有色合成钻石膜，以改变钻石的颜色。最初的单晶 CVD 合成钻石很薄，通常厚度小于 0.1mm。1990 年以后，生长厚度可以达到 0.5mm，1993 年应用微波 CVD 技术，可以合成出厚达 1.2mm 的单晶钻石。

2003 年，美国阿波罗 (Apollo) 公司利用 CVD 技术生产出达到宝石级的单晶钻石，并开始进行商业化生产。阿波罗公司随后改进了生产技术，合成出厚度超过 2mm 的钻石。

2005 年，美国卡内基实验室生长出 5 ~ 10ct 单晶钻石，生长速度达 100 μ m/h，远超高温高压合成钻石的生长速度。

2007 年阿波罗公司可以合成出褐粉色或褐橙粉色钻石，2010 年阿波罗公司宣布合成出粉色或粉紫色钻石。

2010 年，Gemesis 公司用 CVD 法合成出无色近无色钻石，肉眼或显微镜下无法与天然钻石区别，需借助先进的光谱学和图像技术来鉴别这些合成钻石。至此 CVD 合成技术有了质的飞跃，CVD 合成钻石进入一个全新的时代。

化学气相沉积法合成钻石的原理

化学气相沉积法合成钻石通常是在高温等离子的作用下，含碳气体被离解，碳原子在基底上沉积成钻石膜。基底可以是非钻石材料，但单晶钻石通常是碳原子在钻石基底上沉积而形成。含碳气体通常是指含氮、甲烷和氢的混合气体，甲烷是合成钻石碳原子的来源，氮可以增加生长速度，氢可以抑制石墨的形成。CVD 合成钻石在低压高温条件下进行，压力一般小于一个大气压，温度在 1000℃左右。

目前世界最具有代表性的化学气相沉积法（CVD 法）合成钻石的

制备方法主要有大面积的热丝直流等离子体（HFCVD）法、微波等离子（MPCVD）法、直流电弧等离子体喷射（DC Arc plasma jet CVD）法、直流热阴极等离子体（DC PA CVD）法等。热丝直流等离子体（HFCVD）法的技术特点是，投资少，技术相对简单，生长速度快，具有很高的加热效率，较为容易控制钻石膜生长质量，可实行大面积生长且生产成本较低，金刚石膜可适用于制作各种金刚石工具并能在热沉等方面得到广泛的应用；微波等离子（MPACVD）法可以沉积高纯度多晶金刚石膜和外延单晶钻石；直流电弧等离子体喷射（DC Arc plasma jet CVD）法的特点是沉积速度高，金刚石膜的纯度优于热丝 CVD 技术。

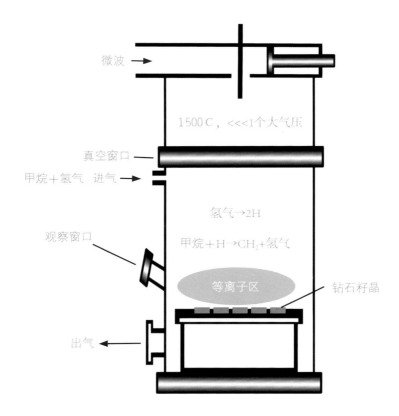

CVD法合成钻石的示意图

化学气相沉积法合成钻石的特征

◆ 晶形

CVD 合成钻石单晶大都呈板状，以 {100} 面发育为主，偶尔可在边部见到小的八面体面 {111} 和菱形十二面体面 {110}。

▎板状CVD合成钻石以及切磨成成品后的粉色CVD合成钻石

◆ 颜色

早期的 CVD 合成钻石颜色多为暗褐色或浅褐色、褐粉色，经辐照热处理可以得到紫粉色钻石，Gemesis 公司生产的 CVD 合成钻石经过后期高温热处理，因此颜色为无色或近无色，见下图。如果 CVD 合成钻石中加入硼可以合成出蓝色钻石，当（SiV）$^{-1}$ 缺陷含量较高、产生很强吸收时，钻石也可呈灰蓝或蓝色。

▎无色及近无色CVD合成钻石课石及饰品

◆ **内部特征**

　　CVD 合成钻石内部包裹体较少，可见针点状、黑色不规则状包裹体。CVD 合成钻石中不会出现金属包裹体，因此不具有磁性。

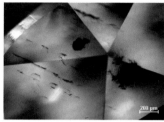

▍VCD合成钻石中常见的褐色点状包裹体（左）以及在不同生长期之间留下的大量黑色包裹体（右）

　　在正交偏光下 CVD 合成钻石有强烈的异常消光，常呈格子状或带状消光，且不同方向上的消光也有所不同。

▍格子状异常消光，消光色为灰色或蓝色。

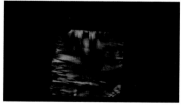

▍格子状或带状异常消光，消光色为灰色或蓝色。

◆ **荧光特征**

早期 CVD 合成钻石在普通紫外灯光源照射下，呈橙色或橙黄色荧光，短波强于长波；2010 年之后的 CVD 合成钻石具有黄绿色荧光，短波强于长波，且多具有磷光。2013 年随着 CVD 合成技术的发展，有些 CVD 合成无荧光及磷光。

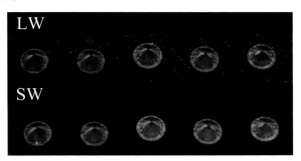

▌无色CVD合成钻石短波下呈黄绿色荧光，长波下无荧光。

在超短波紫外灯（DiamondView）下，早期 CVD 合成钻石呈现橙色或橙黄色荧光，2010 年以后，CVD 合成钻石呈蓝绿色、绿蓝色以及绿色荧光，并具弱到强的磷光，且有典型的层状生长结构，是 CVD 合成钻石的主要鉴定特征。自 2013 年以来，部分 CVD 合成钻石呈蓝色或蓝紫色荧光，无磷光，无明显层状生长结构。随着合成技术的发展，CVD 合成钻石的荧光特征以及生长特征也会发生相应变化。

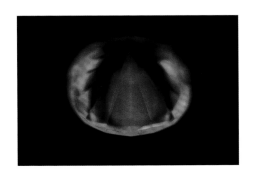

▌最初的CVD合成钻石常呈橙色荧光，无磷光，并且可见明显的平行层状生长纹。

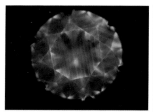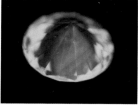

▌无色近无色CVD合成钻石在DiamondView下的荧光（图左和中）图像和磷光图像（右），台面（左）和亭部（中）均可见明显的平行层状生长纹。

2013 年，有些公司开始在合成气体中加入 Si 元素，导致其 SiV 缺陷占主导地位，在短波和长波下均无荧光，在 DiamondView 下为蓝色或蓝紫色荧光，无明显生长纹特征，SiV 缺陷含量越高，磷光越弱。当硅含量高到一定程度时，钻石经紫外光照射，会由原来的近无色变为灰蓝色。

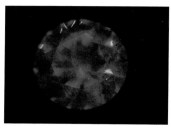

▌硅含量高的CVD合成钻石的荧光图，呈蓝紫色，磷光极弱。

▌光致变色CVD合成钻石，左边为紫外光未照射之前，右边为紫外光照射之后。

近期的 CVD 合成钻石特点，荧光颜色呈绿色，磷光较弱或无，从台面可见两组交叉的生长纹，与天然钻石中的两组滑移线相似，磷光较弱。

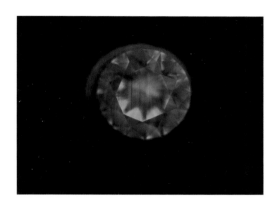

▌绿色荧光的CVD合成钻石，台面可见两组沉移线相交，磷光极弱。

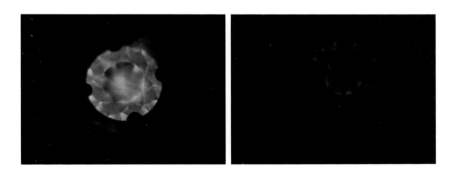

▌从台面可见两组交角较小的生长纹，绿色荧光磷光很弱。

有些 CVD 合成钻石台面可见类似波浪一样的生长纹，同样磷光较弱，有些 CVD 合成钻石台面几乎很难观察到任何生长特征，磷光很弱或几乎无磷光。

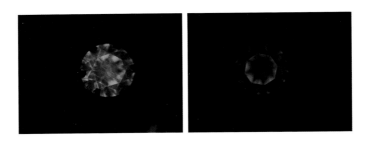

▌CVD合成钻石台面可见波浪状生长纹，绿色荧光，弱磷光。

▌绿色荧光CVD合成钻石，台面无生长特征，极弱磷光。

　　CVD 合成钻石的特征一直在变化着，从 2012 年开始，CVD 合成钻石的荧光特征有了多次明显的变化，不同的合成公司，生产的 CVD 合成钻石特征不同。

　　当然天然钻石中也有很多具绿色荧光，同时又可见平行生长纹的现象，因此尽管 DiamondView 观察仪下的荧光特征是鉴别天然钻石与合成钻石的有效手段，但仍需要结合其他测试方法进行进一步的验证。

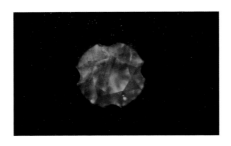

▌天然钻石呈绿色荧光，且台面可见平直生长纹，无磷光。

◆ **紫外可见光吸收光谱特征**

可见宽的 270nm 吸收带以及 365nm 宽吸收带，有些钻石中可检测到 737nm 吸收峰。

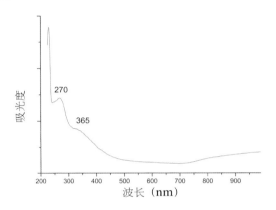

典型的近无色CVD合成钻石的紫外可见光吸收光谱图

◆ **红外吸收光谱特征**

CVD 合成钻石多是 IIa 型，当含少量氮时为 Ib 型，含硼时为 IIb 型。未经过高温高压处理的 CVD 合成钻石通常可见与氢有关的一系列吸收 $3123cm^{-1}$、$3323cm^{-1}$、$5564cm^{-1}$、$6524cm^{-1}$、$6856cm^{-1}$、$7354cm^{-1}$、$8753cm^{-1}$ 等，高温高压处理后，上述吸收峰消失，$3123 cm^{-1}$ 则有可能转化为 $3107cm^{-1}$。

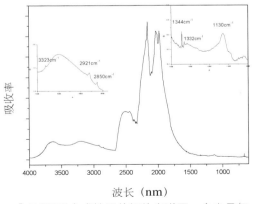

Ib型CVD合成钻石的红外光谱图，含少量氮

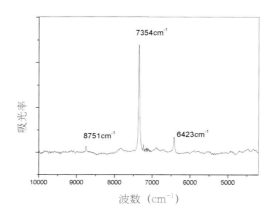

▋CVD合成钻石的近红外吸收光谱图

◆ **拉曼光致发光光谱特征**

未经处理的 CVD 合成钻石可检测到 575nm、637nm、737nm 发光峰以及 533nm、467nm、389nm 等高温不稳定发光峰，经高温高压处理后，高温不稳定发光峰消失，但可检测到 503nm、575nm、637nm、737nm 等峰。

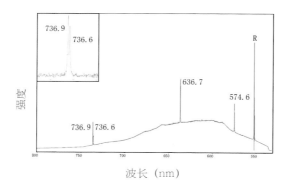

▋CVD合成钻石的近光致发光光谱图

随着合成技术的发展，CVD 合成钻石的特征与天然钻石特征越来越相似，因此，需要借助一些更为先进的检测手段，如阴极发光、电子顺磁共振、碳同位素测定等技术来进行检测。

枕形钻石项链

纳米多晶合成（NPD）钻石

NPD 即 Nano-Polycrystalline Diamond，纳米多晶合成钻石。纳米多晶合成钻石是近些年来合成钻石领域的又一巨大发展，2011 年，日本 Yamada 公司成功合成出直径为 7.5mm 的纳米多晶钻石球。

纳米级多晶合成钻石是在 15GPa 的静高压及 2300 ~ 2500℃的超高温下由石墨直接转化而成，具有均匀微细结构，每个钻石晶体均为纳米级（10nm ~ 20nm），同时具有层状结构。

NPD 钻石的特征如下。

◆ 褐黄色，由 NPD 钻石中的晶格缺陷致色

◆ 雾状外观，点状包裹体

◆ 由于特殊的纳米级微晶结构，NPD 钻石具有比天然和合成单晶钻石

更高的硬度

◆ NPD 钻石透明，而天然多晶钻石通常不透明

◆ NPD 钻石含有微量元素 H、O、N 等

◆ 均匀双折射，天然或合成单晶钻石通常具有异常双折射

◆ LW：红橙色荧光；SW：红橙色，弱于长波

◆ DiamondView 观测仪下具红色荧光

◆ NPD 钻石的红外光谱与其他类型钻石的红外光谱不同

▌天然彩色钻石戒指

Chapter 6

钻石的分级

随着 19 ～ 20 世纪钻石开采数量的增加和人们对钻石需求的增长，钻石贸易也日趋活跃。为了方便交易及准确区分钻石的品质，适应钻石生产和商贸的国际化，钻石 4C 分级体系应运而生。

图片由佐卡伊珠宝提供

颜色分级

  钻石价值的评判标准是国际通用的 4C 标准。所谓 "4C" 即是 4 个以 C 开头的英文单词的简称，指钻石的 ct 重量（CARAT WEIGHT）、净度（CLARITY）、颜色（COLOR）、切工（CUT）。钻石的 4C 分级只适用于天然的且颜色未经过任何人工处理、没有经过充填处理的钻石。

颜色分级概述

  钻石颜色分级大体可以分为两个体系，即无色—浅黄（灰、褐）系列钻石颜色分级和彩色钻石颜色分级。

无色—浅黄色钻石颜色分级：钻石的英文为 Diamond，所以这一系列钻石颜色以英文单词的第一个字母"D"为最高级别，以下级别按照英文字母的顺序分别为 E、F、G、H、I、J……越靠后的字母代表越深的颜色，价值也越低。

彩色钻石颜色分级：彩色钻石颜色级别划分为：微（Faint）、微淡（Very Light）、淡（Light）、淡彩（Fancy Light）、彩（Fancy）、浓彩（Fancy Intense）、艳彩（Fancy Vivid）、深彩（Fancy Deep）、暗彩（Fancy Dark）9 个级别，颜色越浓艳，价值也越高。目前，彩色钻石颜色划分主要有黄色、蓝色、粉色几个系列。

彩色钻石因其产出稀少而显得格外珍贵，目前产出的彩色钻石有红色、橙黄色、粉色、绿色、蓝色、黄色、橙色、紫色、褐色、黑色等。从价值上看，由于红色钻石的产出最少，所以最为珍贵，而黑色钻石价值最低。

▌各种颜色的钻石

钻石颜色分级的环境要求

钻石颜色分级中相邻的颜色级别差别非常微弱，非专业人士是很难分辨的，只有在专业实验室特定的分级环境下才能操作。

（1）背景颜色：工作区域要求是中性色，即白色、黑色、灰色（包括桌椅、墙壁、地面、天花板、窗帘以及分级人员的着装等）。

（2）光线：工作区域应避免分级用标准光源以外的其他光线照射（包括灯光、阳光）。所以一般钻石分级实验室都会选择没有阳光直射的房间，避免其他光线对分级结果准确性的影响。

钻石分级的工具及仪器

◆ **钻石比色灯**：色温为 5500 ～ 7200K，不含紫外线。

◆ **色板、比色槽**。

▌钻石比色槽

▌钻石比色灯

◆ **钻石分级专用镊子**。

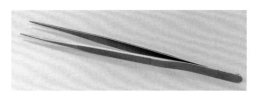

▌钻石分级用镊子

◆ **10 倍宝石放大镜**。

▌10倍宝石放大镜

◆ **比色石**

一套已标定颜色级别的标准圆钻型切工钻石样品，依次代表由高至低连续的颜色级别，其级别可以溯源至钻石颜色分级比色石国家标准样品。比色石的级别代表该颜色级别的下限。

▌颜色分级比色石

我国的国家标准比色石由 11 粒钻石组成，分别代表 D、E、F、G、H、I、J、K、L、M、N 的下限。

◆ **清洁工具：酒精、擦钻布。**

◆ **钻石颜色测试仪。**

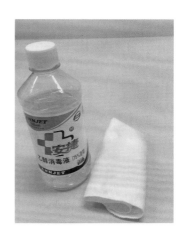
▌清洁钻石用的医用酒精及擦钻布

▌钻石颜色测试仪（红色外壳的为颜色测试仪，中间为清洁样品仓的工具及吸附钻石的吸头）

▌钻石颜色测试仪样品测试仓

钻石颜色分级的方法

（1）目视比色法

在特定比色环境下利用比色石与待定样品比对，按照预定规则确定颜色级别。是目前常用的比色方式。

1）目视比色法的条件如下：

• 标准光源：色温在 5500～7200K 的比色灯

• 标准比色石：D、E、F、G、H、I、J、K、L、M、N 的比色石颜色

比色石应具备以下条件：

• 切工：标准圆钻型，比率级别"good"或以上

• 重量：0.30ct 以上，大小均一

• 颜色：不带黄色以外的其他色调

• 净度：净度级别在 SI1 以上，无色带及有色包裹体

• 荧光：无紫外荧光反应

2）中性色系的比色环境：无阳光直射的房间和中性的背景环境。

3）训练有素的分级师：颜色分级对分级师的颜色敏感度要求很高。由 2～3 名训练有素的分级师分别给出结果，最终取得统一结果。

（2）仪器测试法

利用仪器进行颜色测试，如色度仪、分光光度计等。仪器能排除目视比色法存在的人为误差，但仪器测试对钻石大小、形状及颜色范围及色调有很大局限性而且价格昂贵，目前在国内还没有大量投入使用，在国外大实验室已逐步开始视为颜色分级的主要手段。

◆ **比色法颜色划分规则**

钻石每个颜色级别代表的是一个颜色范围，每一粒比色石都代表该色级的下限，在这一点我国的颜色级别划分与欧洲体系相同，而 GIA 的比色石都是该色值的上限。

（1）待分钻石与某一比色石颜色相同，则该比色石的颜色级别就是待分钻石的颜色级别。

（2）待分钻石颜色介于相临两粒比色石之间，其中较低级别的比色石的颜色级别则为该钻石的颜色级别。

（3）待分钻石的颜色高于比色石的最高级别，仍用最高级别表示该粒钻石的颜色。

（4）待分级钻石低于"N"比色石，则用"<N"表示该钻石颜色级别。

◆ **钻石颜色的表示方法**

（1）无色—浅黄色钻石颜色的表示方法

钻石未镶嵌前，颜色级别直接用字母表示，如"F""J"等。镶嵌后的钻石饰品则用色级范围表示。颜色对应关系如表4所示。

表4 未镶嵌钻石与镶嵌钻石颜色级别对应关系表

未镶嵌钻石颜色级别	镶嵌钻石颜色级别
D	D—E
E	
F	F—G
G	
H	H
I	I—J
J	
K	K—L
L	
M	M—N
N	
<N	<N

（2）彩色钻石颜色表示方法：颜色等级 + 颜色

彩色钻石的颜色等级按照由浅至深分别为：

微（Faint）

微淡（Very Light）

淡（Light）

淡彩（Fancy Light）

彩（Fancy）

浓彩（Fancy Intense）

艳彩（Fancy Vivid）

深彩（Fancy Deep）

暗彩（Fancy Dark）

前三级微（Faint）、微淡（Very Light）、淡（Light）不适用于黄色钻石，即黄色钻石只有6个级别。

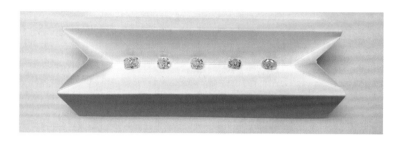

▎从左至右颜色级别分别为Y~Z，淡彩黄（Fancy Light Yellow）、彩黄（Fancy Yellow）、浓彩黄（Fancy Intense Yellow）、艳彩黄（Fancy Vivid Yellow）。

影响颜色分级的因素

影响钻石颜色分级的因素很多，归纳起来可以分为：环境因素、人为因素和钻石本身的因素。

◆ 环境因素

（1）光源对钻石颜色的影响

用来观察物体颜色的光源会直接影响物体的颜色，同一颗钻石在白炽灯下与在日光下所看到的颜色会截然不同，这是因为白炽灯比日光含有更多的黄色光。因此客观地评价钻石的颜色应在统一的标准光源下进行颜色观察，这样才会使结论更具可比性。

（2）紫外荧光对钻石颜色的影响

许多钻石在紫外光照射下产生荧光，荧光的颜色和强度亦有所不同。

荧光色通常是蓝白色，当光源内含有较多的紫外光时，受蓝白色荧光的影响，钻石的颜色会显得更白些。因此钻石颜色分级之前不应先进行荧光等级划分。

（3）背景色调对钻石颜色的影响

钻石所处的背景颜色对物体本身颜色有一定影响，将同一粒钻石放在浅蓝色背景和红色背景当中，人们往往感觉在蓝色背景上的钻石显得更白一些，其实这仅仅是一个错觉，这也正是钻石商为什么喜欢用蓝色的纸包钻石的原因。因此钻石颜色分级时，室内环境色调，特别是工作台的颜色以及分级师着装的颜色都要求为中性色调。

◆ **人为因素**

（1）肉眼识别颜色的能力

每一个人对颜色和光亮的感觉是不同的。因此同一种颜色，不同的人会有不同的认识。

（2）颜色分级的时长

分级时间不宜过长，通常一粒钻石的分级时间不超过 1～2 分钟，连续分级不超过 2 小时。经验证明，人的第一感觉最为敏感可靠，颜色分级时间过长会影响结果的准确性。

（3）分级师的身体状况及情绪

在进行颜色分级时要保持良好的心理和生理状态。人为的主观因素不可避免，所以当疲劳、生病或情绪不好时不宜进行颜色分级。

◆ **钻石本身的因素**

（1）钻石的大小

同一色级的钻石，颗粒越大，感觉颜色越黄；颗粒越小，感觉颜色越白。所以待比钻石与比色石大小差别悬殊时，在比色过程中应着重比对靠近底尖的部位。

（2）色带和色域

出现色带、色域（或称色团、色块），通常从亭部观察比较明显。如果

颜色很浅，不影响色级评定，则不予考虑；如果颜色很深，同一个钻石上不同区域出现两个色级，则不能从亭部比色。应从台面观察其整体颜色，与比色石的台面进行比对。如果台面观察仍可看到色域，则视具体情况降低色级。

（3）包裹体

净度在 VS 以上的钻石或含有无色包裹体的钻石，颜色分级时可以不考虑包裹体颜色的影响；如含有较大的带色内含物，则要调整钻石方向，选择不受这些内含物影响的方位进行比色，以排除它在颜色分级中的影响。

（4）切工

切工对钻石颜色的影响往往为人们所忽视，切工差的钻石影响光在钻石中的折射与反射。亭部过浅甚至出现鱼眼效应，会显得钻石色浅；亭部过深，甚至出现黑底效应，会显得钻石色深；腰部过厚或出现严重的须状腰，则会使钻石产生灰色调。

如果亭部比例偏差较大，比色时要着重比较腰部；如果腰部比例偏差较大，就要比较亭部（亭尖或亭的中部）；或在这两种情况下都采用冠部与冠部比较。总之要在多个方向比对后给出综合评价。

（5）带灰色、褐色的钻石

带有灰、褐色调的钻石，颜色发暗，定级时色级经常会偏低，这时应比较它们颜色的饱和度或透明度，尽量避免色调的影响。如果在三杯清水中分别滴入一滴浓度相同的黄色、灰色、褐色颜料，由于色调不同，给人感觉褐色最深、灰色次之、黄色最浅，但实际它们颜色的饱和度是相同的。但是有一种情况例外，带有很浅褐色色调的钻石从台面看，颜色较同一色级的浅黄色钻石浅，特别是 0.25ct 以下的钻石更是如此。这就是为什么有些钻石经销商喜欢买这类钻石的原因。

（6）花式切工钻石

标准圆钻型以外的其他切工，统称为花式切工。由于钻石的形状不同，光线聚集的部位不同，颜色差别较大，如橄榄形的钻石，沿长轴方向观察颜色感觉较深；沿短轴方向观察则颜色较浅。比色时通常以斜角方向比色为准，或对比刻面分布与比色石最相似的地方。

净度分级

净度分级概述

净度分级是指在 10 倍放大条件下，对钻石的内部和外部特征进行等级划分。即系统全面观察钻石，找出净度特征（内含物），根据其位置、大小、数量、可见度和对钻石美观、坚固度的影响，最后定出钻石净度级别的过程。

◆ **钻石的内外部特征**

1. 钻石的内部特征

钻石的内部特征是指包含或延伸至钻石内部的天然包裹体、生长痕迹和人为造成的缺陷。

（1）点状包裹体（pinpoint）

钻石内部极小的天然包裹物。可以是一个、两个，也可成群出现。点状包裹体通常是一些细小的矿物颗粒，颜色通常是白色或黑色，一般用10倍放大镜观察不到清晰的形状。

▌台面上可见白色点状包裹体

（2）云状物（cloud）

钻石中模糊状、乳状、无清晰边界的天然包裹物。

▌台面及冠部的丝网状云状物

▌遍布整个钻石的云状物，钻石的透明度下降

（3）浅色包裹体（crystal inclusion）

钻石中浅色或无色天然包裹物。它们通常是矿物晶体，是在钻石生成的早期包裹在其中的。钻石常见的浅色包裹体有：橄榄石、金刚石、金云母、尖晶石等，颜色也多种多样，有无色、绿色、紫色、红色等。

▌台面及冠部的多处浅色包裹体

（4）深色包裹体（dark inclusion）

钻石中深色或黑色天然包裹物。深色包裹体通常也是矿物包裹体。钻石中常见的深色矿物包裹体有：铬铁矿、磁铁矿、石墨、顽火辉石、钛铁矿等。颜色为褐色、黑色等。

在净度分级时浅色矿物包裹体和深色矿物包裹体对净度影响程度不一样，大小相近且所处位置基本相同的深色包裹体与浅色包裹体相比，前者对净度的影响更严重一些。

▌台面中央的深色包裹体

（5）针状物（needle）

钻石内部的针状包裹体。

▌台面上白色针状包裹体

（6）羽状纹（feather）

　　钻石内部或延伸至内部的裂隙，形似羽毛状，因此称之为"羽状纹"。羽状纹的大小形状千差万别，可以是封闭在钻石内部的也可与钻石表面连通，常有一个相对平整的面，也可以是凹凸起伏的。羽状纹的颜色多为乳白色或无色透明。有一些羽状纹的面上有黑色炭质薄膜，看上去是与黑色矿物包裹体相似，这是当钻石产生张裂隙时，内部压力骤减而使钻石转变成石墨所致。还有一些羽状纹常分布于某一结晶包裹体的四周，为张裂隙。

▎台面上的片状羽状纹

▎台面上的线状羽状纹

（7）激光痕（laser mark）

用激光束和化学品去除钻石内部的深色包裹体时留下的痕迹。形似管道或漏斗状的痕迹称为激光痕。激光痕有开口与钻石表面连通，有时可被高折射率的玻璃填充。

从钻石表面至内部的激光痕

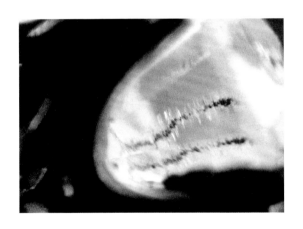

KM处理的激光痕，可见蜈蚣状包裹体呈不自然状弯曲的裂隙，在垂直包裹体两侧伸出很多裂隙；在激光处理的连续裂隙中有未被完全处理掉的零星黑色残留物，这是KM处理钻石的典型特征。

（8）内部纹理（internal graining）

钻石内部的天然生长痕迹。亦称生长线、生长结构、双晶纹。有些条带之间还可有颜色差别，又称之为色带。

（9）内凹原始晶面（extended natural）

凹入钻石内部的天然结晶面。内凹原始晶面上常保留有阶梯状、三角锥状生长纹，多出现在钻石的腰部。

▌台面边缘的内凹原始晶面

▌钻石腰部上的内凹原始晶面，可见晶面花纹

（10）空洞（cavity）

　　矿物包裹体在抛磨过程中掉落，在钻石表面形成的开口。通常是指钻石内部的包裹体在切磨时崩掉留下的孔洞。

▌钻石表面的空洞

（11）破口（chip）

腰和底尖受到撞伤形成的浅开口。钻石腰部、刻面棱线上较小的破损。

▌钻石腰部的破口

（12）须状腰（beard）

腰上细小裂纹深入内部的部分。是在钻石打圆过程中，由于操作不当产生的一系列竖直的细小裂纹，形如胡须，故而得名。

▌腰围处的须状腰

2. 钻石的外部特征

钻石的外部特征是指暴露在钻石外表的天然生长痕迹和人为因素造成的缺陷。除少数几种外，外部特征多由人为因素造成，相对内部特征，外部特征对钻石的净度影响较小。一些微小的外部特征经重新加工去除可不影响钻石的净度等级。常见的外部特征有以下几种。

（1）原始晶面（natural）

为保持最大质量而在钻石腰部或近腰部保留的天然结晶面。原始晶面在腰部最常见，偶尔也会在钻石的其他刻面上见到。原始晶面常有明显的阶梯状、三角形状等生长花纹。

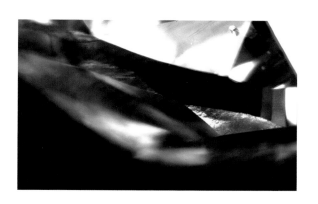

▌腰部下方的原始晶面

（2）表面纹理（surface graining）

钻石表面的天然生长痕迹。与内部纹理的成因基本相同，内部纹理出露在钻石的表面即为表面纹理。表面纹理常贯穿多个刻面，在刻面之间是连续的。

▌钻石亭部的表面纹理，跨越几个刻面

（3）刮痕（scratch）

钻石表面很细的划伤痕迹。通常是在钻石表面的一条很细的白线，如同玻璃被利器划过一样。钻石是已知世界上最硬的矿物，引起刮痕的原因是磨光盘上有较大的钻石抛光粉颗粒，在高速转动下可刻划钻石。此外，钻石之间彼此摩擦也会造成表面的划伤。

▌钻石台面可见白色刮痕

（4）抛光纹（polish lines）

抛光不当造成的细密线状痕迹，在同一刻面内相互平行。抛光纹的特点是在同一刻面内的抛光纹是平行排列的，相邻刻面抛光纹不连续，彼此有夹角，以此可与表面生长纹区别。

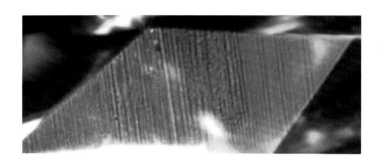

▌刻面上可见白色平行的抛光纹

（5）烧痕（burn）

抛光或镶嵌不当所致的糊状疤痕。这种糊状的痕迹清洗不掉。由于抛光盘不洁净，加之操作人员技术欠佳，少量的抛光粉被高速摩擦产生的热能燃烧，粘在钻石表面，热能直接使钻石表面燃烧，造成这种糊状疤痕。

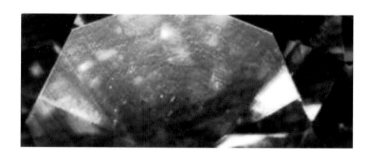

❙ 大面积的烧痕影响到钻石的透明度

（6）额外刻面（extra facet）

规定之外的所有多余刻面。这可能是由于加工失误造成的，也可能是为了消除钻石表面某些瑕疵而被迫切磨出来的刻面。

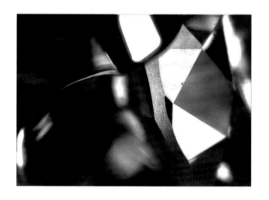

❙ 腰部边缘的额外刻面

（7）棱线磨损（abrasion）

棱线上细小的损伤，呈磨毛状。钻石刻面的棱线受极轻微的损伤，使其由原来的一条锐利的细直线变成较粗的、磨毛状的线条。

亭部棱线明显的磨损痕迹，形成白色线条

(8) 缺口 (nick)

腰或底尖上细小的撞伤。常呈"V"字形，其破损程度小于内部特征中的破口。

(9) 击痕 (pit)

表面受到外力撞击留下的痕迹。

周大福粉色钻石戒指

钻石内外部特征的表示方法

在钻石4C分级证书上通常会用一些符号来表示钻石的内含物的类型，内部特征通常用红色表示，外部特征通常用绿色表示，由外至内的特征用红色和绿色组合表示（如：内凹原始晶面、空洞、激光痕）。内含物的对应符号见表5。

表5 内含物的对应符号表

内部特征		外部特征	
名称	符号	名称	符号
羽状纹	⌣	原始晶面	N
云状物	⦙	额外刻面	E
深色包裹体	●	表面纹理	//
浅色包裹体	⬭	刮痕	✓
点状包裹体	•	缺口	∧
针状物	＼	击痕	✕
内凹原始晶面	◁	棱线磨损	✦
内部纹理	//	烧痕	B
须状腰	⌒	抛光纹	/////////
空洞	⬭		
激光痕	⊙		

钻石净度的划分规则

净度级别的划分，按照现行国家标准钻石级别分为 LC、VVS、VS、SI、P 五个大级，FL、IF、VVS1、VVS2、VS1、VS2、SI1、SI2、P1、P2、P3 十一个小级。大级与小级的对应关系见表 6。

表 6　大级与小级的对应关系表

大级	小级
LC	FL
	IF
VVS	VVS1
	VVS2
VS	VS1
	VS2
SI	SI1
	SI2
P	P1
	P2
	P3

1.LC 级

又称镜下无瑕级（Loupe clean）。在 10 倍放大镜下未见钻石具内外部特征。在下列情况下仍属 LC 级。

（1）额外刻面位于亭部，冠部不可见。

（2）原始晶面位于腰围内，不影响腰部的对称，冠部不可见。

（3）内部纹理无反光，不影响透明度。

（4）钻石内、外部有极轻微的特征，轻微抛光后可去除。

上述情况对 LC 级以下级别划分不产生影响。

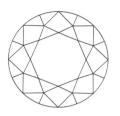

▌净度为LC的钻石，内部洁净。　　　　▌净度为LC的钻石的素描图

2.VVS 级

又称极微瑕级（Very Very Slightly Included）。在 10 倍放大镜下，钻石具极微小的内、外部特征。这些极轻微的内、外部特征通常是一些很细小的点状包裹体、颜色很淡的云状物、纹理、须状腰、缺口、击痕等。极微瑕级还根据内、外部特征的大小、分布位置等因素，也就是说根据观察的难易程度细分为 VVS1 和 VVS2 两个级别。

（1）VVS1 级：钻石具有极微小的内、外部特征，10 倍放大镜下很难观察。

（2）VVS2 级：钻石具有极微小的内、外部特征，10 倍放大镜下很难观察。

VVS 级与 LC 级的根本区别在于前者同时能看到内部特征，而后者只能看到轻微的外部特征。

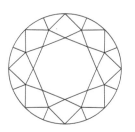

▌净度为VVS1的钻石，
10倍放大条件下可见冠
部白色点状包裹体。

▌净度为VVS1的钻石
的素描图

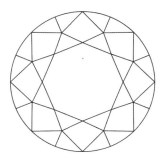

▍净度为WS2的钻石，10
倍放大条件下可见台面
白色点状包裹体

▍净度为WS2的钻石素描图

3.VS 级

又称微瑕级（Very Slightly Included），在 10 倍放大镜下，钻石具细小的内、外部特征。细分为 VS1 级、VS2 级。

（1）VS1 级：钻石具细小的内、外部特征，10 倍放大镜下难以观察。

（2）VS2 级：钻石具细小的内、外部特征，10 倍放大镜下比较容易观察。

VS 级与 VVS 级区别是在 10 倍放大条件下，前者可以观察到瑕疵，尽管也比较困难，而后者则几乎观察不到。

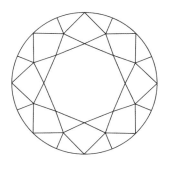

▍净度为VS1的钻石，10倍放大条
件下可见台面白色针状包裹体。

▍净度为VS1的钻石素描图

 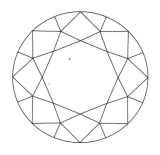

▌净度为VS2的钻石，10倍放大条件
下可见台面有深色、浅色包裹体。

▌净度为VS2的钻石素描图

4.SI 级

又称瑕疵级 (Slightly Included)。在 10 倍放大镜下，钻石具明显的内、外部特征，又细分为 SI1 级、SI2 级。

（1）SI1 级：钻石具明显内、外部特征，10 倍放大镜下容易观察。

（2）SI2 级：钻石具明显内、外部特征，10 倍放大镜下很容易观察。

与 VS 区别在于，SI 级钻石用 10 倍放大镜很容易发现内、外部特征，但是去掉放大装置用肉眼无法看到内、外部特征。

 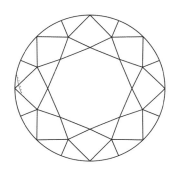

▌净度为SI1的钻石，10倍放大
条件下可见腰部白色羽状纹。

▌净度为SI1的钻石素描图

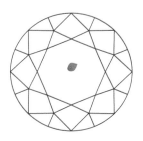

▍净度为SI2的钻石，10
倍放大条件下可见台面
深色包裹体。

▍净度为SI2的钻石
素描图

5.P级

又称为重瑕疵级 (Pique)。从冠部观察，肉眼可见钻石具内、外部特征。细分为 P1 级、P2 级、P3 级。

（1）P1 级：钻石具明显的内、外部特征，肉眼可见，在 10 倍放大条件下净度特征显而易见，而用肉眼从冠部观察比较困难，但不影响钻石的亮度。

（2）P2 级：钻石具很明显的内、外部特征，肉眼易见，而且已经影响钻石的亮度。

（3）P3 级：钻石具极明显的内、外部特征，肉眼极易见，并且影响钻石的亮度、透明度，部分贯穿性的裂隙还可能影响钻石的耐久性。

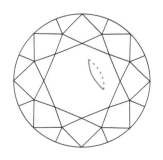

▍净度为P1的钻石，肉眼可见
台面白色羽状纹。

▍净度为P1的钻石素
描图

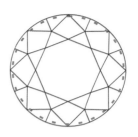

▌净度为P2的钻石，可见遍布
钻石的深色云状物，影响钻石
的透明度。

▌净度为P2的钻石素描图

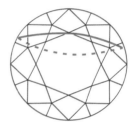

▌净度为P3的钻石，可见到明显的
白色羽状纹，羽状纹贯穿整个钻
石，钻石的坚固度受到影响。

▌净度为P3的钻石素描图

◆ 影响钻石净度的因素

1.净度特征的大小

瑕疵的大小是决定净度级别的最重要因素，往往影响到大级的划分。
在众多的分级体系中，无论是在商业性的分级还是在实验室中，观察瑕疵
大小均以 10 倍放大条件为准。

2.净度特征的数量

净度特征越多，越容易观察到，净度等级也就越低，甚至也可以影响
到大级的划分。例如：一个小的点状物可能定到 VVS 级，而由大量这样的
点状物聚集在一起组成云状物时，就会影响钻石内部光线的传播，严重时
会影响钻石的透明度、明亮度，净度级别则可能降到 P 级。

3.净度特征的位置

净度特征所在的位置也是影响钻石净度级别的重要因素。相同的净度特征因其所在位置不同会导致不同的净度级别，常常是划分小级的依据。一般来说，位于台面下方的净度特征对净度的影响最大，依次是冠部、亭部和腰部。例如，某净度特征出现在钻石台面的正下方时，其净度为 SI2级，但如果这个净度特征出现在腰部或亭部，其净度级别就可能会是 SI1或 VS2，其原因就是钻石台面下和冠部刻面下的净度特征相对比较容易被发现，而腰部、亭部的净度特征较难发现。

4.净度特征的对比度

钻石中净度特征观察的难易程度除了受其大小、数量和所在位置的影响外，还和净度特征本身与钻石背景的反差有关。通常，暗色或有色包裹体较无色透明包裹体对比度高；有清晰边界的包裹体比无明显边界的包裹体对比度高，它们容易被观察到，所以对净度影响较大。

5.净度特征影像的数量

无论是标准圆钻型还是其他切工的钻石，都是一个由多个刻面组成的多面体，对钻石当中的净度特征而言，每一个刻面都是一面"镜子"，同一净度特征可对不同的刻面成像。因此，在钻石当中，一个净度特征多次成像的现象十分普遍。有时一个靠近亭尖附近的净度特征会在亭部多次成像，造成在钻石内部有许多净度特征的视觉效应，没有经验的人会误认为在钻石内部存有许多净度特征。由此可见，净度特征成像的数量对钻石的净度也有影响，一个净度特征成像次数越多，则净度级别也相应地有所降低，影像较多时一般可降低一小级。

▌钻石中浅色包裹体只有一个，但是因为形成多个影像，所以看起来好像有多个浅色包裹体存在。

切工分级

切工分级概述

切工分级是通过测量和观察，从比率和修饰度两个方面对钻石加工工艺完美性进行等级划分。

钻石的比率数据是通过钻石切工仪测量的，比率级别除了依据比率数据还要参考超重比及刷磨、剔磨等因素。修饰度级别包括对称性级别和抛光级别，是通过人为观察给出的结果。

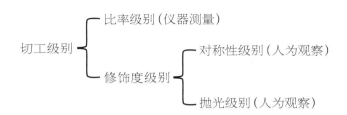

切工分级在钻石 4C 分级中是一个很重要的因素，切工的优劣直接影响到钻石的"火彩"和亮度，精良的切割可使钻石光彩夺目、熠熠生辉，从而进一步提升钻石的价值。钻石的切磨也是唯一通过人为因素改变钻石品质的手段。除荧光外，钻石的重量、颜色、净度均不同程度地被其左右。切工可以掌控各要素的和谐统一，并使钻石获取最大的价值。

钻石切磨的目的有以下几点。

（1）最有效地保留钻石的重量，使钻石得到最大的 ct 值。这样做可能会在腰围处留下原始晶面或内凹原始晶面从而影响净度级别，也可能磨出较厚的腰围从而降低切工级别。

（2）去除钻石边缘的包裹体和天然面从而提升净度，但是会损失钻石的重量。

（3）保留优良的切割比例，但是可能会损失钻石重量。

钻石的切工分级对象主要针对标准圆钻型切工的钻石，也适用部分花式切工。

测量钻石切工的仪器及工具

◆ 全自动钻石切工测量仪

将钻石放在测量平台上，仪器自动旋转 360°测量钻石各个角度的尺寸及比例，测量精度高，速度快。

▌全自动钻石切工测量仪

▌全自动钻石切工测量仪测试台

◆ **钻石卡尺**

　　将钻石放在卡尺测量位，通过人工转动方向测量钻石的尺寸（包括直径、长、宽、高等）。钻石卡尺只能测量钻石尺寸，无法测量比例。

钻石卡尺

◆ 标准圆钻形钻石各部分及刻面名称介绍与术语

标准圆钻形钻石各部分及刻面名称介绍及术语如下图所示。

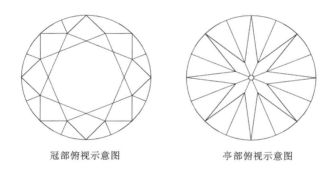

冠部俯视示意图　　　　　　亭部俯视示意图

标准圆钻形切工冠部、亭部俯视示意图

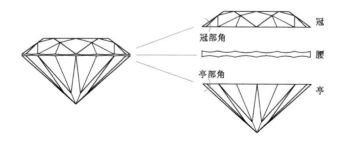

标准圆钻形切工侧视示意图

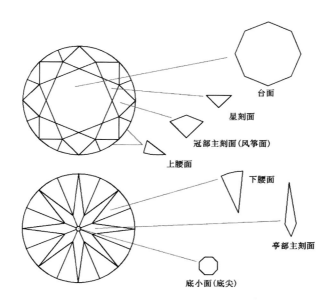

台面

星刻面

冠部主刻面(风筝面)

上腰面

下腰面

亭部主刻面

底小面(底尖)

▌标准圆钻形切工各刻面名称示意图

1. 直径（diameter）

钻石腰部圆形水平面的直径。其中最大值称为最大直径，最小值称为最小直径，1/2（最大直径＋最小直径）值称为平均直径。

2. 全深（total depth）

钻石台面至底尖之间的垂直距离。

3. 腰（girdle）

钻石中直径最大的圆周部分。

4. 冠部（crown）

腰以上部分，有 33 个刻面。

5. 亭部（pavilion）

腰以下部分，有 24 个或 25 个刻面。

6. 台面（table facet）

冠部八边形刻面。

7. 冠部主刻面（风筝面）（upper main facet）

冠部四边形刻面。

8. 星刻面（star facet）

冠部主刻面与台面之间的三角形刻面。

9. 上腰面（upper girdle facet）

腰与冠部主刻面之间的似三角形刻面。

10. 亭部主刻面（pavilion main facet）

亭部四边形刻面。

11. 下腰面（lower girdle facet）

腰与亭部主刻面之间的似三角形刻面。

12. 底尖（或底小面）（culet）

亭部主刻面的交会处，呈点状或呈八边形小刻面。

13. 冠角（crown angle α）

冠部主刻面与腰部水平面的夹角。

14. 亭角（pavilion angle β）

亭部主刻面与腰部水平面的夹角。

15. 比率（proportion）

各部分相对于平均直径的百分比。包括以下要素。

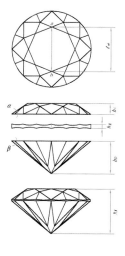

▍圆钻形切工比率要素示意图

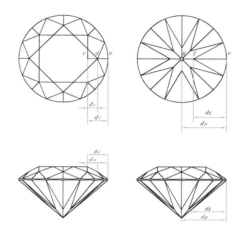

圆钻形切工比率要素示意图

（1）台宽比（table size）

台面宽度相对于平均直径的百分比。

$$台宽比 = \frac{台面宽度(ab)}{平均直径} \times 100\%$$

（2）冠高比（crown height）

冠部高度相对于平均直径的百分比。

$$冠高比 = \frac{冠部高度(h_c)}{平均直径} \times 100\%$$

（3）腰厚比（girdle thickness）

腰部厚度相对于平均直径的百分比。

$$腰厚比 = \frac{腰部厚度(h_g)}{平均直径} \times 100\%$$

（4）亭深比（pavilion depth）

亭部深度相对于平均直径的百分比。

$$亭深比 = \frac{亭部深度(h_p)}{平均直径} \times 100\%$$

（5）全深比（total depth）

全深相对于平均直径的百分比。

$$全深比 = \frac{全深(h_t)}{平均直径} \times 100\%$$

（6）底尖比（culet size）

底尖直径相对于平均直径的百分比。

$$底尖比 = \frac{底尖直径}{平均直径} \times 100\%$$

（7）星刻面长度比（star facet length）

$$星刻面长度比 = \frac{星刻面顶点到台面边缘距离的水平投影(d_s)}{台面边缘到腰边缘距离的水平投影(d_c)} \times 100\%$$

（8）下腰面长度比（lower girdle facet length）

下腰面长度比 =

$$\frac{相邻两个亭部主刻面的联结点，到腰边缘上最近点之间距离的水平投影(d_l)}{底尖中心到腰边缘距离的水平投影(d_p)} \times 100\%$$

16. 修饰度（finish）

对抛磨工艺的评价；分为对称性和抛光两个方面进行评价。

（1）对称性（symmetry）

对切磨形状，包括对称排列、刻面位置等精确程度的评价。

（2）抛光（polish）

对切磨抛光过程中产生的外部特征影响抛光表面完美程度的评价。

17. 刷磨（painting）

上腰面联结点与下腰面联结点之间的腰厚，大于风筝面与亭部主刻面之间腰厚的现象。见下图左 B>A。

18. 剔磨（digging out）

上腰面联结点与下腰面联结点之间的腰厚，小于风筝面与亭部主刻面之间腰厚的现象。见下图右 B<A。

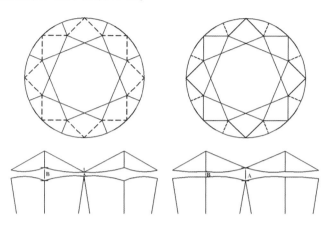

▌刷磨、剔磨示意图（虚线表示不明显棱线）

19. 建议 ct 重量（suggested carat weight）

标准圆钻形切工钻石的直径所对应的 ct 重量。

表 7 标准圆钻形切工钻石的直径所对应的 ct 重量

平均直径（mm）	建议 ct 重量（ct）	平均直径（mm）	建议 ct 重量（ct）
2.9	0.09	7.0	1.23
3.0	0.10	7.1	1.33
3.1	0.11	7.2	1.39
3.2	0.12	7.3	1.45
3.3	0.13	7.4	1.51
3.4	0.14	7.5	1.57
3.5	0.15	7.6	1.63
3.6	0.17	7.7	1.70
3.7	0.18	7.8	1.77

(续表)

平均直径 (mm)	建议 ct 重量 (ct)	平均直径 (mm)	建议 ct 重量 (ct)
3.8	0.20	7.9	1.83
3.9	0.21	8.0	1.91
4.0	0.23	8.1	1.98
4.1	0.25	8.2	2.05
4.2	0.27	8.3	2.13
4.3	0.29	8.4	2.21
4.4	0.31	8.5	2.29
4.5	0.33	8.6	2.37
4.6	0.35	8.7	2.45
4.7	0.37	8.8	2.54
4.8	0.40	8.9	2.62
4.9	0.42	9.0	2.71
5.0	0.45	9.1	2.80
5.1	0.48	9.2	2.90
5.2	0.50	9.3	2.99
5.3	0.53	9.4	3.09
5.4	0.57	9.5	3.19
5.5	0.60	9.6	3.29
5.6	0.63	9.7	3.40
5.7	0.66	9.8	3.50
5.8	0.70	9.9	3.61
5.9	0.74	10	3.72
6.0	0.78	10.1	3.83
6.1	0.81	10.2	3.95
6.2	0.86	10.3	4.07
6.3	0.90	10.4	4.19
6.4	0.94	10.5	4.31
6.5	1.00	10.6	4.43
6.6	1.03	10.7	4.56
6.7	1.08	10.8	4.69
6.8	1.13	10.9	4.82
6.9	1.18	11.0	4.95

注: 计算得出的平均直径, 按照数字修约国家标准, 修约至 0.1mm, 从上表查得钻石建议重量。

20. 超重比例（overweight）

$$超重比例 = \frac{实际克拉重量 - 建议克拉重量}{建议克拉重量} \times 100\%$$

◆ **钻石切工测量项目及表示方法**

1. 规格

表 8 规格表

规格测量项目	最大直径	最小直径	全深
精确至 单位：毫米(mm)	0.01	0.01	0.01

2. 比率

表 9 比率表

比率测量项目	台宽比	冠高比	腰厚比	亭深比	全深比	底尖比	星刻面长度比	下腰面长度比
保留至	1%	0.5%	0.5%	0.5%	0.1%	0.1%	5%	5%

3. 冠角

单位：度（°），保留至 0.2。

4. 亭角

单位：度（°），保留至 0.2。

◆ **切工级别的划分**

切工级别根据比率级别、修饰度（对称性级别、抛光级别）进行综合评价。

1. 比率级别

比率级别分为极好 (Excellent，简写为 EX)、很好 (Very Good，简写为 VG)、好 (Good，简写为 G)、一般 (Fair，简写为 F)、差 (Poor，简写为 P) 五个级别。

（1）比率级别划分规则

比率级别由全部测量项目中的最低级别表示。

（2）影响比率级别的其他因素

• 超重比例对比率级别的影响

计算超重比例，根据超重比例，查表 10 得到比率级别。

表 10 比率表

比率级别	极好（EX）	很好（VG）	好（G）	一般（F）
超重比例 %	<8	8—16	17—25	>25

• 刷磨和剔磨

根据刷磨和剔磨的严重程度可分为无、中等、明显、严重四个级别。不同程度和不同组合方式的刷磨和剔磨会影响比率级别，严重的刷磨和剔磨可使比率级别降低一级。

2. 修饰度级别

修饰度级别分为极好（Excellent，简写为 EX）、很好（Very Good，简写为 VG）、好（Good，简写为 G）、一般（Fair，简写为 F）、差（Poor，简写为 P）五个级别。包括对称性分级和抛光分级。以对称性分级和抛光分级中的较低级别为修饰度级别。

（1）对称性分级

• 影响对称性的要素

影响对称性的要素有腰围不圆、台面偏心、底尖偏心、冠角不均、亭角不均、台面和腰围不平行、腰部厚度不均、波状腰、冠部与亭部尖点不对齐、刻面尖点不尖、刻面缺失、刻面畸形、非八边形台面、额外刻面几方面。

表 11 　影响钻石对称性的要素

腰围不圆	台面偏心	底尖偏心
冠角不均	亭角不均	台面和腰围不平行
腰部厚度不均	波状腰	冠部与亭部尖点不对齐

• 对称性级别及划分规则

对称性级别分为极好（Excellent，简写为 EX）、很好（Very Good，简写为 VG）、好（Good，简写为 G）、一般（Fair，简写为 F）、差（Poor，简写为 P）五个级别。

极好（EX）：10 倍放大镜下观察，无或很难看到影响对称性的要素特征。

很好（VG）：10 倍放大镜下台面向上观察，有较小的影响对称性的要素特征。

好（G）：10 倍放大镜下台面向上观察，有明显的影响对称性的要素特征。肉眼观察，钻石整体外观可能受影响。

一般（F）：10 倍放大镜下台面向上观察，有易见的、大的影响对称性的要素特征。肉眼观察，钻石整体外观受到影响。

差（P）：10 倍放大镜下台面向上观察，有显著的、大的影响对称性的要素特征。肉眼观察，钻石整体外观受到明显的影响。

（2）抛光分级

• 影响抛光级别的要素特征

影响抛光级别的要素特征有抛光纹、划痕、烧痕、缺口、棱线磨损、击痕、精糙腰围、"蜥蜴皮"效应、秸秆烧痕几方面。

表 12　影响抛光级别的要素特征

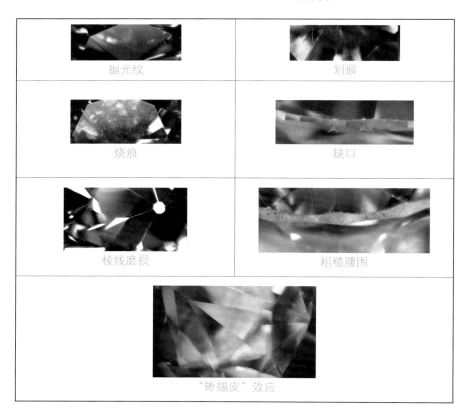

• 抛光级别及划分规则

抛光级别分为：极好 (Excellent，简写为 EX)、很好 (Very Good，简写为VG)、好(Good，简写为G)、一般(Fair，简写为F)、差 (Poor，简写为P)五个级别。

极好(EX)：10 倍放大镜下观察，无或很难看到影响抛光的要素特征。

很好（VG）：10 倍放大镜下台面向上观察，有较少的影响抛光的要素特征。

好（G）：10 倍放大镜下台面向上观察，有明显的影响抛光的要素特征。肉眼观察，钻石光泽可能受影响。

一般（F）：10 倍放大镜下台面向上观察，有易见的影响抛光的要素特征。肉眼观察，钻石光泽受到影响。

差（P）：10 倍放大镜下台面向上观察，有显著的影响抛光的要素特征。肉眼观察，钻石光泽受到明显的影响。

3. 切工级别的划分规则

切工级别分为极好 (Excellent，简写为 EX)、很好 (Very Good，简写为VG)、好 (Good，简写为 G)、一般 (Fair，简写为 F)、差 (Poor，简写为 P)五个级别。

根据比率级别和修饰度级别，见表 13 得出切工级别。

表 13　切工级别

切工级别		修饰度级别				
		极好 (EX)	很好 (VG)	好 (G)	一般 (F)	差 (P)
比率级别	极好 (EX)	极好	极好	很好	好	差
	很好 (VG)	很好	很好	很好	好	差
	好 (G)	好	好	好	一般	差
	一般 (F)	一般	一般	一般	一般	差
	差 (P)	差	差	差	差	差

荧光分级

荧光分级概述

　　钻石的荧光强度是指钻石在长波紫外线下的荧光反应，大约有 35%的钻石有荧光。最常见的荧光颜色为蓝白色，此外还可出现黄色、橙色、粉色、黄绿等荧光。

　　蓝白色荧光可以中和钻石自身的黄色调，在自然光下强荧光的钻石显得更白。由于钻石的颜色分级是在无紫外线条件下进行的，所以荧光的强弱对颜色级别没有影响。

表 11　影响钻石对称性的要素

腰围不圆	台面偏心	底尖偏心
冠角不均	亭角不均	台面和腰围不平行
腰部厚度不均	波状腰	冠部与亭部尖点不对齐

• 对称性级别及划分规则

对称性级别分为极好（Excellent，简写为 EX）、很好（Very Good，简写为 VG）、好（Good，简写为 G）、一般（Fair，简写为 F）、差（Poor，简写为 P）五个级别。

极好（EX）：10 倍放大镜下观察，无或很难看到影响对称性的要素特征。

很好（VG）：10 倍放大镜下台面向上观察，有较小的影响对称性的要素特征。

好（G）：10 倍放大镜下台面向上观察，有明显的影响对称性的要素特征。肉眼观察，钻石整体外观可能受影响。

一般（F）：10 倍放大镜下台面向上观察，有易见的、大的影响对称性的要素特征。肉眼观察，钻石整体外观受到影响。

差（P）：10 倍放大镜下台面向上观察，有显著的、大的影响对称性的要素特征。肉眼观察，钻石整体外观受到明显的影响。

（2）抛光分级

• 影响抛光级别的要素特征

影响抛光级别的要素特征有抛光纹、划痕、烧痕、缺口、棱线磨损、击痕、精糙腰围、"蜥蜴皮"效应、秸秆烧痕几方面。

表 12　影响抛光级别的要素特征

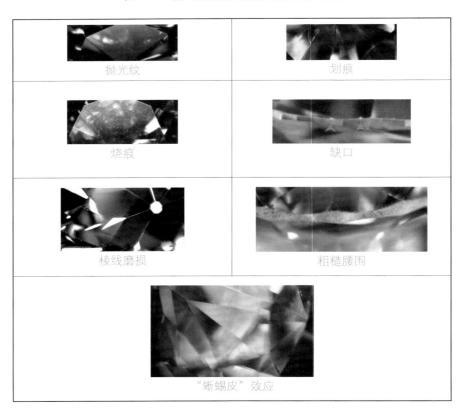

我国的钻石分级标准中规定：钻石的荧光级别分"强""中""弱""无"四个等级。

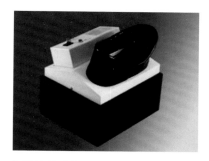

荧光分级工具及仪器

◆ **紫外荧光灯**

长波为365nm波长的紫外荧光灯，最好带暗箱，避免其他光线对荧光分级的影响。

◆ **荧光比色石**

一套已标定荧光强度级别的钻石样品，共3粒，依次代表强、中、弱3个级别的下限。

▌荧光比色石，分别代表强、中、弱的下限。

荧光级别的划分规则

按3粒荧光比色石在长波紫外光下的发光强度，将钻石的荧光级别划分为"强""中""弱""无"4级。

（1）待分级钻石的荧光强度高于荧光比色石的最高级别"强"，仍用"强"来表示该钻石的荧光强度级别。

（2）待分级钻石的荧光强度介于相邻两粒荧光比色石之间，则以其中较低的级别代表该钻石的荧光强度级别。

（3）待分级钻石的荧光强度低于荧光比色石中"弱"，则用"无"来表示该钻石的荧光强度级别。

荧光分级的注意事项

（1）荧光分级通常与颜色分级同步进行。但应在颜色分级完成之后再进行荧光强度的对比。因为有些钻石带有磷光，将会影响颜色分级的准确性。

（2）观察荧光强度时，样品与荧光比色石应方向一致。因为即使是同一颗钻石，台面方向与亭部方向的强度也会有差异。

（3）荧光强度级别是在长波紫外线下观察的结果。

（4）部分荧光强度为"无"的钻石并不是没有荧光，只是比荧光强度为"弱"的比色石弱。

荧光对钻石品质的影响

钻石荧光的颜色绝大部分为蓝白色，这是因为绝大多数天然钻石都是Ⅰa型。具有蓝白色荧光的钻石在感官上会比无荧光的钻石更白些，但是荧光过强，会有一种雾蒙蒙的感觉，影响钻石的透明度，降低钻石的净度。

钻石荧光的颜色或强度不同，钻石的硬度也稍有差别。无荧光的钻石相对最硬，黄色荧光次之，发蓝白色荧光的钻石相对较软。

▌无瑕圆形D色全美钻石（一对）

钻石的琢型

钻石的琢型从形状上可分为：圆形、椭圆形、橄榄形、水滴形、心形、梨形、垫形、方形、长方形、截角方形、截角长方形等，从切割方式上大体可分为明亮式（明亮式变型）、阶梯型、公主式及球形切工。

明亮式（明亮式变型）切工

明亮式切工钻石由 57 个或 58 个面组成，冠部有 33 个面，亭部由 24～25 个面组成（25 个面与 24 个面的差别在于有无底小面）。但是个别形状的钻石刻面数量会不同，如三角形、六边形等。

明亮式变型是在明亮式的基础上对称地增加或减少了一些刻面。

◆ **圆钻形**（Round Brilliant）

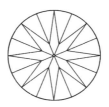

▌标准圆钻形切工，这是钻石最常见的琢型

◆ **圆钻形变型**（Round Modified Brilliant）

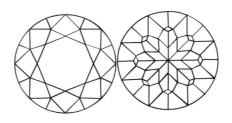

▌圆钻形变型切工

◆ **椭圆形明亮式**（Oval Brilliant）

▌椭圆形明亮式切工

◆ 椭圆形明亮式变型（Oval Modified Brilliant）

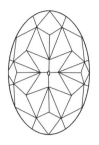

▍椭圆形明亮式变型切工

◆ 橄榄形明亮式（Marquise Brilliant）

▍橄榄形明亮式切工

◆ 橄榄形明亮式变型（Marquise Modified Brilliant）

▍橄榄形明亮式变型切工

◆ **梨形明亮式**（Pear Brilliant）

▌梨形明亮式切工

◆ **梨形明亮式变型**（Pear Modified Brilliant）

▌梨形明亮式变型切工

◆ **心形明亮式**（Heart Brilliant）

▌心形明亮式切工

◆ 垫形明亮式（Cushion Brilliant）

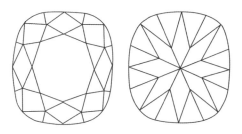

▍垫形明亮式切工

◆ 垫形明亮式变型（Cushion Modified Brilliant）

 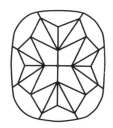

▍垫形明亮式变型切工

◆ 八边形明亮式变型（Octagonal Modified Brilliant）

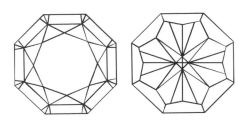

▍八边形明亮式变型切工

◆ 六边形明亮式变型（Hexagonal Modified Brilliant）

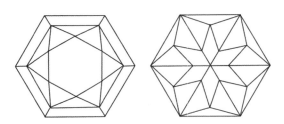

六边形明亮式变型切工

◆ 三角形明亮式（Triangular Brilliant）

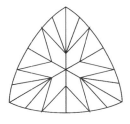

三角形明亮式切工

◆ 三角形明亮式变型（Triangular Modified Brilliant）

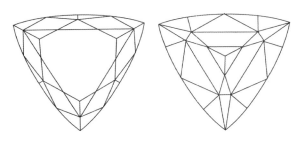

三角形明亮式变型切工

◆ 三角形明亮式变型（Triangular Modified Brilliant）

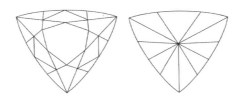

▌三角形明亮式变型切工

◆ 截角方形明亮式变型（Cut-cornered Squaren Modified Brilliant）

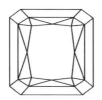 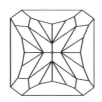

▌截角方形明亮式变型切工

◆ 截角长方形明亮式变型（Cut-cornered Rectangular Modified Brilliant）

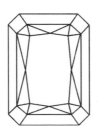 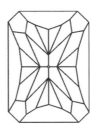

▌截角长方形明亮式变型切工

阶梯型切工

典型阶梯型切工是所有的切面均平行或垂直于钻石的外腰围。如果切去四角，线面也必须严格平行。

◆ **三角形阶梯型**（Triangular Step Cut）

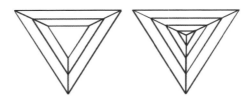

▌三角形阶梯型切工

◆ **方形阶梯型**（Square Step Cut）

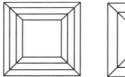

▌方形阶梯型切工

◆ **长方形阶梯型**（Rectangular Step Cut）

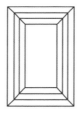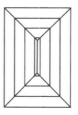

▌长方形阶梯型切工

◆ **梯形阶梯型**（Trapezoid Step Cut）

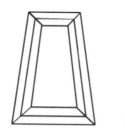
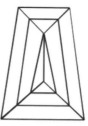

梯形阶梯型切工

◆ **祖母绿型**（Emerald Cut）

外形呈矩形，截角、亭部和冠部较扁，底尖收成线状。因常用于祖母绿宝石的加工，因而得名。

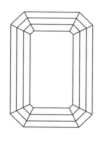
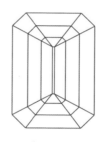

祖母绿型切工

◆ **方形祖母绿型**（Square Emerald Cut）

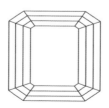
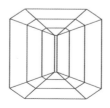

方形祖母绿型切工

◆ **截角梯形阶梯型**（Cut-cornered Trapezoid Step Cut）

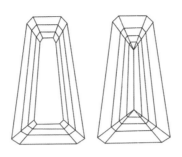

▋截角梯形阶梯型切工

公主式切工

公主式切工通常有 76 个刻面。但也有 61 个、101 个刻面或 144 个刻面的。方形琢型可多样化，但普遍冠部较浅，台面较大，亭部较深。此种琢型的钻石出成率高于其他明亮型琢型方式，但不适用亭部较浅的钻坯。尖角处和亭部刻面产生的亮度和闪烁降低了包裹体的可见度，也稍"提高"了钻石的颜色级别，同样重量的方形琢型钻石与圆形琢型钻石相比，外形显得要大15% 左右。由于这种琢型四个角尖锐，所以在镶嵌时需要保护。

◆ **方形公主式**（Square Princess Cut）

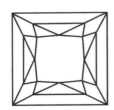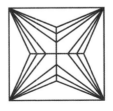

▋方形公主式切工

◆ 长方形公主式（Rectangular Princess Cut）

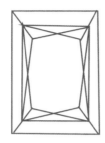 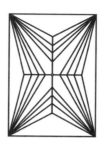

▌长方形公主式切工

◆ 截角方形公主式（Cut-cornered Square Princess Cut）

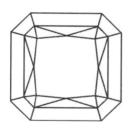 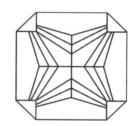

▌截角方形公主式切工

◆ 截角长方形公主式（Cut-cornered Rectangular Princess Cut）

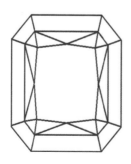 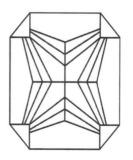

▌截角长方形公主式切工

球形切工

　　钻石切磨成球形并不多见，因为此种切割方式不能最好地体现钻石的"火彩"和亮度。但对于净度级别不高的钻石来说，此种切割方式可以很好地掩盖内含物。

◆ **水滴形切工**（Briolette Cut）

▌水滴形切工

▌钻石耳环

▌椭圆形鲜蓝色钻石戒指

▌圆形钻石戒指

▌鲜彩紫粉红色钻石戒指

参考文献

[1] 张蓓莉．系统宝石学（第二版）[M]．北京：地质出版社，2006．

[2] Fisher D，Spits R A. Sectroscopic Evidence of GE POL HPHT-Treated Natural Type IIa Diamonds[J].Gems & Gemology，2000，36(1): 42–49．

[3] Reinitz I M，Buerki P R，Shigley J E, et al. Identification of HPHT-Treated Yellow to Green Diamonds[J].Gems & Gemology，2000，36(2): 128–137．

[4] Smith C P，Bosshart G，Ponahlo J，et al. GE POL Diamond: Before and After[J]. Gems & Gemology，2000，36(3): 192–215．

[5] Hainschwang T.HPHT treatment of different classes of type I Brown diamond[J].Journal of Gemmology， 2005， 29(5/6):261-273．

[6] Fisher D. Brown diamonds and high pressure high temperature treatment[J].Lithos，2009，112S: 619–624．

[7] Breeding C M，Shigley J E. The "TYPE" Classification System of Diamonds and Importance in Gemology[J].GEMS & GEMOLOGY，2009，45(2): 96–111．

[8] Bangert U，Barnes R，Gass M H，et al. Vacancy clusters, dislocations and brown colouration in diamond. J. Phys. Condens. Matter 21, 364208 (2009).

[9] Dobrinets I A，Vins V G，Zaitsev A M.HPHT-Treated Diamonds[eBook].2013.

[10] Collins A T. Colour Centres in Diamond[J]. Journal of Gemmology，1982，18:37-75．

[11] Collins A T.The Colour of Diamond and How it may be Changed[J]. Journal of Gemmology，2001，27(6):341-359.

[12] D'Haenens-Johansson U F S，Katrusha A，Moe K S，et al. Large Colorless HPHT Synthetic Diamonds from New Diamond Technology [J]. Gems & Gemology，2015，51(3):260-279.

[13] D'Haenens-Johansson U F S，Moe K S Johnson P，et al. Near-Colorless HPHT Synthetic Diamonds from AOTC Group [J].Gems & Gemology，2014，50(1):2-14.

[14] Chriostopher M W，Martin C，Paul M S. De Beers Natural versus Synthetic Diamond Verification Instruments[J]. Gems & Gemology，1996，32(3): 156–169.

[15] Watanabe K，Lawson S C，Isoya J，et al. Phosphorescence in High-pressure Synthetic Diamond [J]. Diamond and Related Materials，1997，6(1): 99–106.

[16] King J M，Moses T M，Shigley J E，et al. Characterizing Natural-color Type IIb Blue Diamonds [J]. Gems & Gemology，1998，34(4): 246–268.

[17] Breeding C M，Wang W. Occurrence of the Si-V Defect Center in Natural Colorless Gem Diamonds [J]. Diamond and Related Materials，2008，17(7–10): 1335–1344.

[18] 宋中华，陆太进，苏隽等.光致变色 CVD 合成钻石的特征 [J]. 宝石和宝石学杂志，2016，18(1):1-5.

[19] 宋中华等.高温高压无色 - 近无色合成钻石的特征及其鉴别.岩矿测试，2016（05）.

[20] 宋中华等.黄色配镶钻石中的合成钻石鉴定.宝石和宝石学杂志，2016，18（5）.

[21] 宋中华等.Identification of Colourless HPHT-grown Synthetic Diamonds from Shandong，China.The Journal of Gemology，2016，35（2）：140-147.

[22] 宋中华等.国产大颗粒宝石级无色高压高温合成钻石的鉴定特征.宝石和

宝石学杂志，2016，18（3）：1-8.

[23] 宋中华等 .The identification features of undisclosed loose and mounted CVD synthetic diamonds which have appeared recently in the NGTC laboratory.The Journal of Gemology，2012，33（1）：45-48.

[24] 宋中华等 .NGTC 实验室发现未揭示的 CVD 合成钻石鉴定特征研究 . 宝石和宝石学杂志，2012，14(4):30-34.

[25] 宋中华等 . High quality synthetic yellow orange diamond emerges in China. The Australian Gemmologist，2011，24 (7):167-170.

[26] 宋 中 华 等 . Coated and fracture filled coloured diamond.The Australian Gemmologist，2010，24（2):41-43.

[27] 宋中华等 .化学气相沉积法（CVD）合成钻石光谱特征 . 珠宝与科技——中国珠宝首饰学术交流会论文集（2013）.

[28] 宋中华 .宝石之王——钻石 .大自然，2013，No.170.

[29] 宋中华等 .变色龙钻石的鉴定 .中国宝石 .2010/No.3；

[30] 宋中华等 . 微距下钻石的秘密 . 中国宝石 .2011/ 3、4 月

[31] 宋中华等 .帮你分辨天然 OR 处理红钻 .中国宝石 .2011/ 3、4 月

[32] 宋中华等 .揭秘钻石色彩变色术 .中国宝石 .2011/7、8 月合刊；

[33] 宋中华等 .彩妆之下的钻石 .中国宝石 .2012/1、2 月合刊

[34] 宋中华等 .人工合成钻石 .中国宝石 .2013/7、8 月合刊

[35] 宋中华等 .CVD 合成彩色钻石的鉴定 .中国宝石 .2014，Vol.96

[36] 宋中华 .磷光在排查无色厘石中的作用 .中国宝石 .2016，Vol.107.

[37] 宋中华等 .彩色钻石饰品实验室鉴定方法和实例解析 .珠宝与科技——中国珠宝首饰学术交流会论文集（2011）.

[38] Zaitsev A.M. Optical Properties of Diamond: A Data Handbook. Springer. 2001

[39] 刘严，彩色钻石 .北京：地质出版社，2008.

[40] GB/T，16554.钻石分级 .

"辨假"系列丛书

资深珠宝鉴定师
教您去伪存真

《绿松石辨假》
定价：78.00元

《彩色宝石辨假》
定价：88.00元

《琥珀辨假》
定价：88.00元

《钻石辨假》
定价：88.00元

《翡翠辨假》
定价：88.00元

《和田玉辨假》
定价：88.00元